国家社会科学基金项目·经济学系列

农村水环境问题的经济机理分析与管理创新制度研究

李雪松　著

国家社会科学基金一般项目（10BJY064）资助

科学出版社

北　京

内 容 简 介

改革开放以来，我国农村经济取得了较快的发展，但农村自然生态系统也为此付出了沉重代价，大量的生活垃圾、工业废弃物、农业面源污染物等使我国农村水环境受到严重污染。本书通过对农村水环境管理相关问题背后的经济机理进行系统分析，旨在刻画出我国农村水环境污染的全貌和变迁历程，厘清宏观经济发展、微观经济主体与农村水环境污染之间的作用机理，探讨制度安排对农村水环境的作用和影响，并在总结国外农村水环境管理经验的基础上，构建出一套符合我国国情的农村水环境防治机制与管理体系，对创新农村水环境管理制度做出有益探索，以期为我国农村水环境管理实践提供系统完整的参考依据。

本书适合从事"三农"问题、环境经济、环境管理、水资源经济研究的学者阅读，也可作为公共机构、部门管理者及公务员的参考书。

图书在版编目（CIP）数据

农村水环境问题的经济机理分析与管理创新制度研究/李雪松著. —北京：科学出版社，2017.10

ISBN 978-7-03-054951-8

Ⅰ.①农… Ⅱ.①李… Ⅲ.①农村-水环境-环境管理-研究-中国 Ⅳ.①X143

中国版本图书馆 CIP 数据核字（2017）第 260583 号

责任编辑：王丹妮 / 责任校对：贾娜娜
责任印制：吴兆东 / 封面设计：无极书装

科 学 出 版 社 出版

北京东黄城根北街 16 号
邮政编码：100717
http://www.sciencep.com

北京京华虎彩印刷有限公司印刷
科学出版社发行　各地新华书店经销
*

2017 年 10 月第 一 版　开本：720 × 1000　1/16
2017 年 10 月第一次印刷　印张：8 3/4
字数：184 000

定价：66.00 元
（如有印装质量问题，我社负责调换）

目　　录

第一章　导　论

一、研究目的和意义

（一）研究目的

　　水是生命之源、生产之要、生态之基。2011 年中央一号文件《中共中央国务院关于加快水利改革发展的决定》和 2011 年 7 月中央召开的中央水利工作会议，标志着中国的水资源问题被放在国家战略的层面上提了出来，表明党和政府对水资源危机的重视，标志着中国治水步入了一个新的历史时期。农村水环境主要是指分布在农村地区的地表水体、土壤水和地下水，包括河流、湖泊、沟渠、池塘、水库等，调节着农村地区的雨、洪、旱、涝，成为大地的脉管系统，同时也是农业生产的生命之源。农村水环境问题关系着农业生产的稳定、农村人口的健康和农村经济的发展，也是水安全建设的关键部分，对国家的可持续发展与稳定和谐具有非常重要的作用。

　　目前，中国水资源管理面临严峻的挑战。尽管占有全球 1/5 的人口，但水资源总量却不到世界水资源总量的 6%。尤其是在农村地区，由于长期存在的城乡二元经济结构和集中式发展政策，水利基础设施的缺失和乡镇企业的大发展，带来如缺水、不安全的饮用水、水污染和废水的任意处置等一系列问题，从而与之对应地出现了生态和人类健康的巨大风险以及管理系统的严重不完善。提供安全饮用水和足够的水资源供给已经成为中国农村一个重要的优先战略。在中国第十三个五年规划中，农村和农业的水污染控制已成为各级决策者关注的重要问题。然而，当前研究和解决中国农村水问题的研究非常有限。已有的研究表明，水问题已经成为影响中国长期可持续发展的关键因素。例如，超过半数的中国人喝的水当中含有化学和生物类型的污染物，如石油、氨氮、挥发性酚类和汞等。此外，大约 88% 的疾病和 33% 的人类死亡直接关系到不安全的生活用水。近 7 亿人喝的水含有过高浓度的大肠杆菌，近 1.8 亿人喝的水中含有有机污染物。因而，研究中国农村水环境问题，以提高整体管理水平非常必要。

　　农业、农村、农民问题是党和国家事业发展的重点关注方面。当前，农村人口在我国人口中仍占据较大的比重，农村生产承担着我国粮食安全的重大任务，农村经济是我国经济发展亟须拉动的短板，农村市场是我国消费升级下一个将要发掘的蓝海。改善农村环境、发展农村经济是弥补中国这样一个农业大国发展短板所必须要采取的举措。自 20 世纪 70 年代改革开放以来,一方面我国农村经济有了长足的发展,但另一方面,在高速的经济增长背景下,农村经济的不断发展,农民生活水平与农业集约化生产程度的提高,城镇化进程的加快,推动了工业化的快速发展及农村生活方式的改变,农村的生态环境却同时遭受了严重的破坏,大量的生活垃圾、工业废弃物、农业面源污染物等使我国农村水环境受到严重污染,并呈现出加重的趋势,整体状况不容乐观。随着水环境污染问题的凸显,国家已经将水安全上升为国家战略,水污染与大气污染和土壤污染成为国家环境治理的三大着力点,农村水环境的有效防治与管理也将成为我国可持续发展面临的困难和挑战之一。

结合现实情况从经济学的角度去剖析农村水环境的管理问题,会发现有许多问题值得探讨,我国整体的水环境安全情况如何?其中农村水环境又处于什么样的状态?宏观经济发展对农村水环境管理产生什么样的影响?微观经济主体在其中又扮演什么角色?制度安排能否有效管理好农村水环境?别的国家是如何有效地管理农村水环境的?我国的农村水环境管理体系又该如何构建?基于以上种种疑问,本书拟对农村水环境管理相关问题背后的经济机理进行系统分析,旨在刻画出我国农村水环境污染的全貌和变迁历程,厘清宏观经济发展、微观经济主体与农村水环境污染之间的作用机理,探讨制度安排对农村水环境的作用和影响,并在总结国外农村水环境管理经验的基础上,构建出一套符合我国国情的农村水环境防治机制与管理体系,对创新农村水环境管理制度做出有益探索,从而为我国农村水环境管理实践提供系统完整的参考依据。

(二)研究意义

农村水环境污染问题不容忽视,既关乎个人生命安全与权利保障,也关系着国家的稳定和谐与可持续发展,对这一问题的系统研究,具有极大的理论价值与现实意义。

1. 理论价值

(1)在我国的环境保护工作中,一直是重城市轻农村,重点源轻面源,重技术轻管理。各项政策都是向城市倾斜,而把农村地区的环境保护放在次要地位,即使是在有限的农村环境保护工作中,对农村环境的特点认识也不够,精力主要放在点源而忽视了面源,更多地注重技术而不是全局的管理。农村环境污染的关键部分是水环境污染,但是在农村水环境管理方面,现有的防治措施和管理政策主要还是以工程建设为主,停留在技术操作层面,并没有去挖掘其背后的社会经济因素，还没有清晰地认识到水环境污染和落后的体制管理、传统的生产生活方式等方面的紧密联系，而恰恰是这些与人相关的因素才是决定农村水环境污染能否根治的决定因素。因此，对农村水环境管理问题进行经济学分析，并从经济学角度设计农村水环境防治机制和管理体制，既是对环境经济学的拓展，也是对农业经济学的丰富，具有一定的理论创新。

（2）目前对农村水环境问题的研究贯穿其形成到解决各个环节，涉及全国、流域、省等各个层面，成果颇丰。然而，目前的研究大都局限于定性的理论探讨，缺乏量化与实证研究，这主要是因为农村水环境污染涉及点源与面源等多方面因素，其中面源污染尤其难以测度，现有的统计资料中与其直接相关的指标和数据也较为缺乏，因此农村水环境污染的量化成为这一领域研究的难题和亟须拓展的瓶颈。尝试对农村水环境污染进行系统的量化评估，对拓宽农村水环境领域的理论研究具有重大的意义。

（3）农村水环境生态保护是典型的农村公共物品。目前学术界普遍认为农村公共物品在供给方面存在较大的短缺，但对于解决方案还缺少实际性的进展，对于农村环境污染防治的研究不够。通过在经济学背景下对农村水环境管理的研究，分析农村水环境污染的经济机理，对于进一步拓展和深入农村公共物品课题分析，具有重大研究价值。

（4）当前中国特色社会主义进入新时代，我国社会主要矛盾已经转化为人民日益增长的美好生活需要和不平衡不充分的发展之间的矛盾。城乡发展不平衡是这一新矛盾的表现。因此，全面推进新型城镇化建设，城市反哺农村已经是一种理所应当的必然趋势。最近几年，国家接踵推行多项发展战略、国家政策和地方规划，推动城乡之间的区域协调发展，努力实现共同富裕、全面建设小康社会的可持续发展。当前，认识、适应和引领新常态成为当前经济发展的大趋势。在全面推进产能出清、化解多余库存的供给侧改革中，农村市场也扮演着非常重要的角色。在新的发展阶段和政策导向下，研究农村水环境污染的经济学原因，探索有效的农村水环境污染防治体系，可以为社会经济的和谐发展、团结各方人民度过经济的放缓期提供理论支撑。

2. 现实意义

（1）农村水环境污染直接关系着居民的生活安全与我国的农作物安全，我国的农村发展速度相对较缓，很大程度上已制约了农村社会与经济的可持续发展。研究农村水环境污染问题，寻找农村水环境污染防治的有效对策，对保护农村人口生命安全、发展农村经济、改善农业生产、建设社会主义新农村具有非常重要的现实意义。

（2）我国产业结构的调整和产业转移，会给农村带来环境污染的转移，广大农村的县域经济可能是产业转移的主要承接方，这将使本已非常脆弱的农村环境雪上加霜。因此，保护好农村水环境，深入分析经济增长和环境保护的矛盾关系，坚持可持续发展，探索合理的农村水资源治理机制，避免先污染后治理，具有非常现实的意义。

（3）从定性分析和定量分析的角度系统全面地刻画我国农村水环境的状况，有助于更好地了解和把握我国的农村水环境国情，激发全社会的环境保护意识，进一步推动农村水环境保护措施的出台和落地，对改善农村水环境污染有着非常重大的现实意义。

二、国内外研究现状评述

农村发展、环境治理和水安全等都是中国面临的重要挑战，农村水环境既关系着农村地区的发展和稳定，也是环境治理的重要领域，更是水安全建设不可或缺的组成部分。基于对农村水环境重要性的认识，一些学者对相关命题进行了研究。现有的这些研究主要集中在三个主题：一是农村水环境污染的现状描述；二是农村水环境污染的成因探讨，三是农村水环境污染的改善对策。这里分别对这三个主题的研究现状进行评述。

（一）农村水环境污染的现状描述

系统地研究农村水环境问题，首先应该对其发展现状和特点有清晰的认知，这种认知通常建立在定量刻画或者典型案例分析上。目前对农村水环境污染现状认知的途径可以有三种：一是从政府或者组织公开发布的资料中直接获取信息；二是通过实地调研获得基础资料；三是利用科学的方法在其他可得的数据基础上进行测算。目前并没有专门的农村水环境污染信息公开系统，相关资料非常少且散落在各个报告中，但因为实地调研工程巨大且能覆盖的区域十分有限，而间接测算尚无统一的方法和标准，所以，对农村水环境污染现状的分析仍然主要是基于一些公开的间接指标数据，如化肥农药施用量、农村生活污水排放量等。在通过实地调研来研究农村水环境发展现状的方面，主要是在研究农村环境质量的大课题下进行的子课题研究，如程慧波等（2015）对甘肃省 73 个村庄进行实地监测发现甘肃省农村地表水质一般而地下水质优良，唐丽霞和左停（2008）对全国 141 个村进行了调查，结果表明中国农村的水资源退化和污染比较严重。金书秦（2013）以湖南省双峰和湘潭两县为案例调查了农村水污染的情况，发现农村水污染形势十分严峻，生活垃圾焚烧带来的二次污染未受重视、禽畜养殖分散污染严重和农药废弃物任意丢弃等现象屡见不鲜。此外，在间接测算方面，目前并没有关于农村水环境污染测算的研究，但是在相关的农业面源污染方面，赖斯芸等（2004）、陈敏鹏等（2006）、梁流涛（2009）、张吉香等（2015）许多学者运用清单分析、输出系数法等方法进行了定量的测度与现状分析。

（二）农村水环境污染的成因探讨

在农村水环境污染的形成原因和内在机理方面，许多学者从经济学、生态学等多种角度出发进行了探讨。从源头来看，研究表明农村水环境污染来源点面掺杂，非点源污染居多，居民生活垃圾、污水污染、化肥污染、农药污染、畜禽污染、乡镇企业污染等都是形成农村水环境污染的直接原因（幸红，2010；李顶，2013；范彬，2014）。从其背后的经济政治和社会等因素来看，沈满洪（2001）和赵海霞等（2007）指出政府失灵和市场失灵是农村生态环境污染的主要原因，苏杨和马宙宙（2006）认为城镇与乡村社会断裂是农村水环境恶化的深层结构性原因且两者之间存在恶性循环。Reddy 和 Behera（2006）认为制度因素是解决农村水环境问题的关键，而严旭阳等（2009）则认为农村水环境污染的产生既有制度因素，也有经济和社会因素，包括不完善的市场体系、信息不对称与有限理性、市场失灵和环境政策失灵、落后的农业经济增长方式和生产方式、存在二元经济结构、农村工业化的发展等。黄森慰等（2011）认为人的因素和农村水环境自身的特性是导致农村水环境污染的原因，人的因素包括发展观、价值观、科学观与消费观，农村水环境自身的特性是指其公共性、外部性及管理制度的滞后性。Zilberman 等（1999）、Meijl 等（2006）认为农业生产是导致发达国家农村环境问题的主要原因。Alauddin 和 Quiggin 研究了水资源的灌溉行为对农村生态环境的影响，认为公共产权和外部性是改善农村环境亟须解决的阻碍因素。从微观个体行为角度来看，郝仕龙等（2005）和于文金等（2006）通过建立模型分别研究了农户经济收入和农户经济行为对农村生态环境的影响，发现他们之间具有直接的联系。Shi（2007）和 Feng 等（2010）认为农户的生产与生活方式也受到农户职业选择的重要影响，通过化肥等投入品的数量来间接作用于农村水环境质量。

（三）农村水环境污染的改善对策

研究农村水环境污染的问题，最终的落脚点是寻求改善农村水环境污染的对策和机制，许多学者就这一问题提出了一些创新性的理论与观点。曹海林（2011）提出要构建政府、市场和社区三者统一的农村水环境保护的新策略。郑开元和李雪松（2012）基于公共物品理论构建了城乡统筹水环境管理体制、利益平衡协调机制、市场化运行机制、经济激励机制和公众参与机制五位一体的农村水环境治理体系；王夏晖等（2014）从建立责任共担体系、政策引导体系、分区治理体系、考核评估体系、创新驱动体系五个方面，提出了改进农村水环境管理体制机制的对策建议。更多的研究则是从法制的角度呼吁加强农村水环境保护的法律法规和制度建设（尉琳，2016）。国外关于农村水环境污染防治方面的研究已经非常成熟，涌现了外部性理论（马歇尔，1964；庇古，2006；Baumol and Oates，1988）、环境产权理论、公共物品供给理论（Ostrom，2000；萨瓦斯，2002）以及环境库茨涅茨曲线理论（Arrow and Costanza，1996；Munasinghe，1989；Grossman and Krueger，1991；Panayotou，1993）等一大批成熟的理论。在此基础上，也有很多学者提出了具体的对策与治理机制。例如，Osborn 和 Datta（2006）分析了政府在治理破坏环境行为时所采用的环境管制与非管制的优缺点，提出包括管制、规划、排污权交易、居民自治等多种手段在内的综合环境措施，指出推行自主参与政策有利于农业面源污染的减排。Aftab 等（2010）建立了面源污染的多目标管理体系，并探讨了管理措施与经济手段相结合的治理机制。

（四）综合评述

综上所述，农村水环境污染现状、成因与机制和治理对策是目前研究的主要方向，其中国外与国内相比，更加侧重对其机制与防治对策的探讨。尽管在农村水环境问题上已有了上述诸多的研究，但也存在着一些不足之处：第一，对农村水环境污染的研究或者以某一个地区为例，或者以某一类型的污染为例，缺乏系统性与对比性；第二，现有研究大多是从静态的角度去评价农村水环境的情况，对农村水环境污染的特征和动态演变规律刻画不足；第三，现有研究一般是就农村水环境谈农村水环境，很少将其置于整个农村发展甚至国家发展的大背景下去系统地考虑它与外界的联系；第四，农村水环境污染的理论研究已经较为成熟，但在量化和实证方面仍然较为缺乏。随着研究的深入，理论论述转向更为严谨的实证分析、简单的一般性描述转向与实际实践相结合的完整描述将是未来的热点。

三、研究内容与思路

（一）研究内容

本书的主要内容包括以下十部分。

第一部分，导论。这一部分主要介绍本书的目的和意义，分三个方面对已有的相关研究进行梳理和评述，并介绍本书的主要内容、基本思路、研究方法、技术路线和可能的创新点。

第二部分，农村水环境污染的现状与时空分布。这一部分首先对中国的水安全做出定量的评价，在此基础上定性分析中国农村地区水环境的现状与问题，通过清单分析法，基于1992~2013年的数据对中国农村水环境污染进行核算，刻画过去二十几年来中国农村水环境污染的时空分布演化轨迹，全方位透析中国的农村水环境污染状况。

第三部分，农村水环境污染的宏观经济机理。这一部分主要分析农村水环境污染与宏观经济发展之间的关系，以经济发展阶段理论与环境库兹涅茨曲线（environmental Kuznets curve，EKC）理论为基础，从理论上分析经济发展（包括经济增长、工业化及城市化发展等）与农村水环境污染的交互作用机理，构建起经济发展与农村水环境污染的理论模型。在此基础上，进一步提出基于环境库兹涅茨曲线基本方程的计量分析模型，运用我国1993~2013年的省级面板数据进行实证研究，对经济发展与农村水环境污染的相互关系进行验证，理论与实证双管齐下，从宏观上解释农村水环境问题形成的原因，为寻求管理政策空间奠定基础。

第四部分，农村水环境污染的微观经济机理。这一部分主要从理论上探讨微观主体的经济行为与水环境污染的相互作用机理。运用价格传导机制分析农民作为农业生产者从事农业生产经营和作为消费者排放生活污水的行为选择对农村水环境污染的影响机理；运用外部性理论分析工业企业生产活动和城市污染转嫁对农村水环境污染的贡献。从微观上解释农村水环境污染形成的原因，为寻求防治政策提供切入点。

第五部分，农村水环境污染的制度因素分析。这一部分主要分析农村水环境污染形成的制度原因，从新制度经济学的角度出发，分析现实的政策（农业政策、环境政策和公共政策）、法律、体制、机制与文化意识等对农村水环境的影响，探讨造成解决农村环境问题"市场失灵"和"政府失灵"的原因，创新地以农业补贴政策为例，用实证检验的方式验证政策失灵对农村水环境的影响，基于一系列宏观制度分析来寻求农村水环境管理的制度优化调整模式。

第六部分，农村水环境污染的政策效应。以农业财政政策为研究对象，探讨农业政策对农村水环境污染产生的影响。农业财政政策与农作物生产结构、农民收入、农机动力和化肥施用产生了结构效应、规模效应、技术效应三个方面的效应，从而导致农业财政政策对农村水环境的间接影响。

第七部分，农村水环境管理的国际经验借鉴。这一部分主要分析国外农村水环境管理的经验，分别从国外农村水环境管理对策和典型河流湖泊水污染治理的案例两个层面，阐述国外农村水环境管理的经验，在此基础上进一步总结国外农村水环境管理对我国的启示。

第八部分，农村水环境管理体系的构建。这一部分主要着力于从农村水环境评价、水污染治理、水环境管理体制、水环境政策与法规的制定与实施及环境意识教育等方面构建一套适合我国国情的农村水环境管理体系。

第九部分，结论与展望。这一部分对本书的所有内容进行总结，对我国未来农村水环境管理的研究进行展望。从国情水情的认识出发，中国的水资源危机是水生态系统危机，水资源制度缺陷是水资源危机的根本原因。因此，水资源的准商品属性是构建水资源制度体系的理论基础，并提出以社会为主体、市场为基础、政府为主导的水资源制度创新目标模式。

第十部分，附录：梁子湖流域农村水污染治理研究报告。这一部分以湖北省梁子湖流域的农村水环境治理为例，以调研数据和实际工作举措，探讨现实当中农村水环境污染治理存在的问题、困境和对策建议。

（二）研究思路

本书贯穿定性与定量相结合、理论与实证互佐证的思想，首先，从定量刻画我国农村水环境污染的现状和演变轨迹入手，力求深刻地展现我国农村水环境污染的情况，直观反映出农村水环境管理的关键性和急切性。其次，从理论上分析宏观经济发展与农村水环境污染之间的相互作用机理并用实际数据进行验证。再次，分析微观经济主体（包括农民、企业和地方政府）的经济行为与农村水环境污染之间的关系。然后，从新制度经济学的角度分析制度因素产权安排等政策、法律、体制、机制、文化意识对农村水环境变化的作用和影响。最后，在总结和借鉴国外农村水环境污染防治经验的基础上，寻求符合我国国情的农村水环境污染防治对策与措施。

四、研究方法与技术路线

（一）研究方法

本书在环境工程学和经济学等综合学科基础上，综合运用实地调研、调查问卷、具体访谈、系统分析、理论分析、定性与定量分析的方法，对我国农村水环境污染的演变情况进行刻画和现状分析。在理论和实证模型方面，借鉴现代西方经济学和新制度经济学的相关研究方法，宏观分析主要借鉴环境库兹涅茨曲线理论基础、环境库兹涅茨曲线实证基本计量模型和扩展计量模型，构建农村水环境污染与经济发展各特征变量的实证检验模型，并使用 Stata、SPSS 等工具进行计量分析；微观分析主要采用价格理论模型和效用理论模型说明农村水环境污染的微观机理；在制度分析方面采用图形结合的数理分析。

（二）技术路线

本书涉及理论研究、实证研究和策略研究。理论研究的目的主要是寻求相关经典理论作为研究的依据，以此拓展研究的宽度；实证研究的目的是发现农村水环境污染与经济发展之间的关系，寻求宏观的作用机制和政策空间；策略研究则旨在以前面的一系列研究结果为基础，寻求符合我国农村水环境现状的问题解决机制。现有的宏微观经济学、环境经济学和新制度经济学相关理论已经较为成熟，可以作为普遍的理论支撑，将其引用到我国农村水环境问题的研究领域中，结合实际的数据资料对我国农村水环境污染的防治机制进行系统的研究。具体的技术路线如图 1.1 所示。

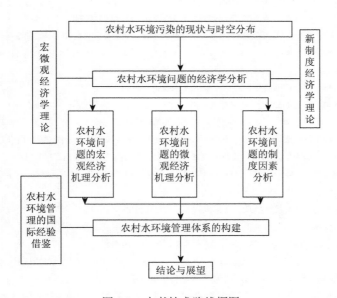

图 1.1 本书技术路线框图

五、可能的创新

本书创造性地将清单分析法引入农村水环境问题研究领域，对农村水环境污染量进行核算，克服农村水环境污染难以全面测度的难题，实现农村水环境污染的量化和实证分析，在农村水环境研究领域拓展上有一定的创新。

本书以西方经济学和新制度经济学理论为基础，分析农村水环境污染与宏观经济发展、微观经济运行和制度安排的相互作用机理，对农村环境问题进行较为全面和系统的理论透视，丰富环境经济学和农业经济学的内涵，在理论上和研究方法上有一定的创新。

本书结合时代特点，在宏微观机理分析和制度分析基础上构建农村水环境管理体系，提出转变政府职能，以政府为主导，引入市场机制和公众参与，加大公共物品供给力度，改善农村水环境，并提出具体的经济环境政策，在应用上是一种创新。

本书在研究方法上既运用实地调研、问卷调查、具体访谈等调查方式获得资料，又综合运用系统分析、理论与实证分析、定性与定量分析、数理分析等研究方法阐释问题，在研究的方法和手段上有一定的创新。

参 考 文 献

庇古 A C. 2006. 福利经济学[M]. 朱泱，等译. 北京：商务印书馆：146-147.

曹海林. 2011. 农村水环境保护：监管困境及新行动策略建构[J]. 社会科学研究，（2）：113-118.

陈敏鹏，陈吉宁，赖斯芸. 2006. 中国农业和农村污染的清单分析与空间特征识别[J]. 中国环境科学，26（6）：751-755.

程慧波，王乃昂，李晓红，等. 2015. 基于甘肃省 73 个村庄的农村环境质量评价研究[J]. 甘肃农业大学学报，50（6）：112-118.

范彬. 2014. 统筹管理、综合治理突破农村水污染治理难题[J]. 环境保护，（15）：15-19.

郝仕龙，柯俊，李壁成，等. 2005. 基于人工神经网络的农户经济收入预测研究[J]. 水土保持研究，12（3）：117-119.

黄森慰，苏时鹏，连文，等. 2011. 农村水环境问题原因的理论探析[J]. 水资源研究，（3）：18-20.

金书秦. 2013. 农村环境污染溯源、应对和建议——从湖南省农村水污染调查窥探[J]. 经济研究参考，（43）：30-34.

科斯 R H. 2009. 企业、市场与法律[M]. 盛洪，陈郁，译，校. 上海：格致出版社：101-147.

赖斯芸，杜鹏飞，陈吉宁. 2004. 基于单元分析的非点源污染调查评估方法[J]. 清华大学学报：自然科学版，44（9）：1184-1187.

李顶. 2013. 我国农村地区水环境现状及修复措施[J]. 湖北农业科学，52（12）：2775-2778.

梁流涛. 2009. 农村生态环境时空特征及其演变规律研究[D]. 南京：南京农业大学：21-25.

马歇尔. 1964. 经济学原理[M]. 陈良璧，译. 北京：商务印书馆. 279-280.

萨瓦斯. 2002. 民营化与公私部门的伙伴关系[M]. 周志忍，等译. 北京：中国人民大学出版社：25-64.

沈满洪. 2001. 环境经济手段研究[M]. 北京：中国环境科学出版社.

苏杨，马宙宙. 2006. 我国农村现代化进程中的环境污染问题及对策研究[J]. 中国人口资源与环境，16（2）：12-18.

唐丽霞，左停. 2008. 中国农村污染状况调查与分析——来自全国 141 个村的数据[J]. 中国农村观察，（1）：31-38.

王夏晖，王波，吕文魁. 2014. 我国农村水环境管理体制机制改革创新的若干建议[J]. 环境保护，（15）：20-24.

幸红. 2010. 农村水污染成因及防治对策——以广东农村水污染为例[J]. 广西民族大学学报：哲学社会科学版，（5）：137-142.

严旭阳，张宏艳，王卓然. 2009. 农村水环境问题的经济学思考[J]. 北京社会科学，（4）：43-46.

于文金，邹欣庆，朱大奎. 2006. 江苏沿海滩涂地区农户经济行为研究[J]. 中国人口：资源与环境，16（3）：124-129.

尉琳. 2016. 论农民水环境权价值之法律实现[J]. 法制博览，（1）：37-38.

张吉香，万大娟，苏青. 2015. 湖南省农业农村面源污染负荷分布特征[J]. 云南农业大学学报，30（1）：125-132.

赵海霞，朱德明，曲福田. 2007. 我国环境管理的理论命题与机制转变[J]. 南京农业大学学报：社会科学版，（3）：27-32.

郑开元，李雪松. 2012. 基于公共物品理论的农村水环境治理机制研究[J]. 生态经济，（3）：162-165.

Aftab A，Hanley N，Baiocchi G. 2010. Integrated regulation of nonpoint pollution：Combining managerial controls and economic instruments under multiple environmental targets[J]. Ecological Economics，70（1）：24-33.

Arrow K，Costanza R. 1996. Economic growth，carrying capacity and the environment[J]. Science，268：520-521.

Baumol W J，Oates W E. 1988. The Theory of Environmental Policy[M]. Cambridge：Cambridge University Press.

Feng S，Heerink N，Ruben R，et al. 2010. Land rental market，off-farm employment and agricultural production in Southeast China：A plot-level case study[J]. China Economic Review，21（4）：598-606.

Grossman G，Krueger A. 1991. Economic growth and the environment[J]. Quarterly Journal of Economies，110（2）：353-377.

Meijl H V，Rheenen T V，Tabeau A，et al. 2006. The impact of different policy environments on agricultural land use in Europe[J]. Agriculture Ecosystems & Environment，114（1）：21-38.

Munasinghe M. 1989. Is environmental degradation an inevitable consequence of economic growth：Tunneling through the environmental Kuznets curve[J]. Ecological Economics，170（1）：532-549.

Osborn D，Datta A. 2006. Institutional and policy cocktails for protecting coastal and marine environments from land-based sources of pollution[J]. Ocean & Coastal Management，49（s 9-10）：576-596.

Ostrom E. 2000. Social capital：A fad or a fundamental concept？[D]//Dasgupta P，Serageldin I. Social Capital：A Multifaceted Perspective[R]. Washington DC：The World Bank.

Panayotou T. 1993. Empirical Tests and Policy Analysis of Environmental Degradation at Different Stages of Econaomic Development[R]. Working Paper WP238 Technology and Employment Program，International Labor of office，Geneva.

Reddy V R，Behera B. 2006. Impact of water pollution on rural communities：An economic analysis[J]. Ecological Economics，（58）：20-537.

Shi X P. 2007. Away from the Farm？The impact of of-farm employment on farm production，factor market development and the sustainable land use in Jiangxi Province，P. R. China[J]. Erasmus University Rotterdam，26（7）：157-212.

Zilberman D，Templeton S R，Khanna M. 1999. Agriculture and the environment：An economic perspective with implications for nutrition 1[J]. Food Policy，24（s 2-3）：211-229.

第二章　农村水环境污染的现状与时空分布

农村水环境污染涉及面广、来源复杂、危害性大，是保护农村生态环境、建设美丽乡村的重大阻碍因素。2014年，国家有关部门对地表水和地下水情况进行了调查，结果发现我国饮用水和农业生产用水所要求的水质达标量很低，还不到25%，农村地区地表水重金属、激素和抗生素超标情况非常严重（王丽萍和李心海，2015），由此可见，我国农村水环境污染形势十分严峻。本章通过对农村水环境污染进行系统核算，从总体上把握我国农村水环境污染的历史演变规律和现在的时空特征，为探究农村水环境污染的成因、机制以及防护对策奠定基础。

一、中国水安全综合评价①

水是生命之源，是国民经济发展不可或缺的物质基础。水环境污染、水生态破坏等问题严重制约经济社会的发展，因而维护水安全是环境与发展问题的核心，是实现可持续发展的基础条件。我国人均水资源占有量少，水资源相对短缺且分布不均匀，同时水环境污染、水生态破坏等问题时有发生，水安全问题已经不容忽视。作为国家安全的重要方面，维护水安全已经成为我国建设生态文明实现可持续发展的重要内容。评价我国的水安全总体状况，有助于对农村水环境污染问题的水安全大环境有一个定量的清晰了解，为全面透视我国的农村水环境问题提供背景支撑。

（一）水安全内涵

在当今世界水资源短缺的严峻形势下，确保水安全已经成为一个全球范围性的议题。不同的学者看待水安全的着眼点不尽相同，第一类观点侧重于人类需求，主张水资源的供需平衡，认为水安全是指存在足量合格且价格合理的水资源，能够满足家户、社区或国家的健康安全、福利水平和生产能力等短期和长期需求的状态（Witter and Whiteford，2000；贾绍凤等，2003）。第二类观点则将水资源的可持续性视为最重要的因素，主张水安全应该不仅要使人们都有能力获得必需的足量水并且免受水灾害的威胁，还要能保护生态系统，确保可持续发展（陈绍金，

①本部分相关内容已在学术刊物公开发表。

2005）。第三类观点关注水资源分配机制的公平性或用水权利的保障，认为人们具有获得所需的足量水的权利，现行的水资源分配规则能够保障这一权利才能谓之水安全（联合国教科文组织国际水文计划中国国家委员会，2001；Tarlock and Wouters，2010）。第四类观点则将重点放在水资源的可得性上，认为水安全是指人人都能以可承受的价格获得足量的水来满足日常需求（陈德敏和乔兴旺，2003；Rijsberman，2006）。第五类观点侧重于水给人类带来的危害，认为水安全在于保护脆弱的水系统，避免洪涝干旱等水灾害带来的危害，保障水体功能和服务正常运转（郑通汉，2003；UNESCO-IHE，2009）。综上可知，水安全并非单一的概念，而是一个涉及社会、经济、生态、环境等诸多方面的复杂系统，可以概括性地认为，水安全是指存在健康的自然水资源并能够与社会经济良性互动，既不给经济社会带来危害以满足其正常发展的需求，又能实现自身公平合理的配置和可持续发展的状态。

（二）水安全综合评价体系

本书提出水安全综合评价模型，模型中构建了一个包含 4 个层次 48 个指标的评价指标体系（表 2.1），在扩充定量指标的基础上同时引入定性指标，在评价方法上则使用基于客观数据的熵权法（江红和杨小柳，2015）来确定权重，并给出评价标准，最后使用 2000～2014 年的数据对中国的水安全进行综合评价。

水安全评价指标体系分别从水健康安全、水发展安全和水保障安全三个准则层来衡量水安全程度，对这些准则层单指标数值进行集成量化就形成了相应的水健康安全指数（water health safe index，WHSI）、水发展安全指数（water develop safe index，WDSI）和水保障安全指数（water guarantee safe index，WGSI），综合水安全指数（water safe index，WSI）则由各准则层指数加权得出，用来表征评价区域内的水安全程度。这里借鉴加拿大水资源可持续发展指数（CWSI），将各准则层安全指数和综合水安全指数（WSI）的计算公式分别表示如下：

$$B_j = \frac{\sum_{i=1}^{N} w_j^i x_{ij}^*}{\sum_{i=1}^{N} w_j^i} \qquad (2.1)$$

$$\text{WSI} = \sum_{j=1}^{M} w_j B_j \qquad (2.2)$$

式中，B_j 为各准则层的安全指数（WHSI、WDSI 和 WGSI），其值在 0～1；x_{ij}^* 为准则层 j 中的 i 指标标准化数值；w_j^i 为其在所有指标中对应的权重；w_j 为各准则层安全指数 B_j 所对应的权重；WSI 为综合水安全指数，其值越大，则认为水资源处于越安全的状态。

表 2.1　水安全评价指标体系

目标层 A	准则层 B	分类层 C	指标层 D	指标属性
水安全（WS）	水健康安全（WHS）	水量	人均水资源量 X_1/(m³·人$^{-1}$)	正向
			平均降水量 X_2/mm	正向
			地下水资源量 X_3/10⁸m³	正向
			地表水资源量 X_4/10⁸m³	正向
		水质	水污染事故次数 X_5/次	逆向
			化学需氧量排放量 X_6/10⁴t	逆向
			工业废水排放达标率 X_7/%	逆向
			水质符合和优于三类水的河长占总评价河长的比率 X_8/%	逆向
			氨氮排放量 X_9/10⁴t	逆向
			废水排放总量 X_{10}/10⁴t	逆向
			城市污水处理率 X_{11}/%	正向
		水生态	森林覆盖率 X_{12}/%	正向
			城市人均公共绿地面积 X_{13}/m²	正向
			自然保护区面积占辖区面积比重 X_{14}/%	正向
			水土流失治理面积 X_{15}/10³hm²	正向
			生态用水率 X_{16}/%	正向
			湿地面积占国土面积比重 X_{17}/%	正向
			环境污染治理投资总额占国内生产总值比重 X_{18}/%	正向
	水发展安全（WDS）	社会发展	供水总量 X_{19}/10⁸m³	正向
			人均用水量 X_{20}/(m³·人$^{-1}$)	逆向
			亩均用水量 X_{21}/(m³·亩$^{-1}$)	逆向
			城市人口用水普及率 X_{22}/%	正向
			水灾受灾面积 X_{23}/10³hm²	逆向
			旱灾受灾面积 X_{24}/10³hm²	逆向
			人口增长率 X_{25}/%	正向
			城市化率 X_{26}/%	正向
		经济发展	人均国内生产总值 X_{27}/元	正向
			有效灌溉面积 X_{28}/10³hm²	正向
			人均粮食产量 X_{29}/kg	正向
			农村居民家庭人均年纯收入 X_{30}/元	正向

续表

目标层 A	准则层 B	分类层 C	指标层 D	指标属性
水安全（WS）	水发展安全（WDS）	经济发展	城镇家庭平均每人全年实际收入 X_{31}/元	正向
			城镇家庭恩格尔系数 X_{32}/%	逆向
			农村家庭恩格尔系数 X_{33}/%	逆向
			洪水灾害损失率 X_{34}/%	逆向
			干旱灾害经济作物损失率 X_{35}/%	逆向
	水保障安全（WGS）	科技保障	工业用水重复利用率 X_{36}/%	正向
			万元国内生产总值用水量 X_{37}/m³	逆向
			耗水率 X_{38}/%	逆向
			堤防保护面积 X_{39}/10³hm²	正向
			治理工业废水设施数量 X_{40}/套	正向
			全社会水利固定资产投资占国内生产总值比重 X_{41}/%	正向
			排水建设项目投资额 X_{42}/10⁸ 元	正向
		管理保障	水法规建立及执行程度 X_{43}	正向
			农村改水累计受益率 X_{44}/%	正向
			城市年末供水管道长度 X_{45}/km	正向
		意识保障	公众节水意识 X_{46}	正向
			环境保护组织 X_{47}/个	正向
			水安全教育发展 X_{48}/人	正向

　　为了直观准确地评价水安全，首先需制定计算水安全指数的评价标准。然而，目前并不存在统一的水安全标准，研究中采用比较多的方法是对综合评价值按等值划分等级。本书沿用这一做法，联系实际情况，根据水安全指数的取值范围，以 0.2 为间隔，将水安全划分为安全、基本安全、一般、不安全和极不安全五个等级（表 2.2）。

表 2.2　水安全评价等级划分

水安全等级	划分标准
安全	0.8≤WSI≤1
基本安全	0.6≤WSI<0.8
一般	0.4≤WSI<0.6
不安全	0.2≤WSI<0.4
极不安全	0≤WSI<0.2

（三）水安全综合评价的实证分析

本书针对的是 2000～2014 年的中国水安全评价，采用的数据来源于各年的《中国水资源公报》《中国水利发展公报》《中国水旱灾害公报》《中国环境状况公报》《中国环境统计年鉴》和中经网数据库。各价值指标数据都被换算为 2000 年的可比价格，用线性趋势分析法处理了个别缺失值，并用极差变化法将各指标数据进行标准化处理以消除指标量纲的差异。利用熵权法和相关数据对水安全评价指标体系中各指标进行确权，得到各层次指标权重。

（1）对综合的水安全而言，水健康安全、水发展安全和水保障安全的权重分别为 0.3579、0.3653 和 0.2768，这说明三个准则层系统对总的水安全具有几乎同等的重要性。总体来看，对水安全贡献最大的十个指标分别为人口增长率、有效灌溉面积、人均国内生产总值（gross domestic product，GDP）、农村居民家庭人均年纯收入、环境保护组织、环境污染治理投资总额占国内生产总值比重、耗水率、水污染事故次数、城市污水处理率和人均用水量。

（2）如图 2.1 所示，在 2000～2014 年的 15 年期间，中国的水安全呈不断改善的趋势，其中，水健康安全波动上升，水发展安全呈平稳增势，水保障安全则快速提高，说明中国的水资源在质量和数量上处于改善地位，对经济社会发展的支撑能力在逐渐上升，经济社会对水安全的保障力度和能力也在不断增强。按照评价标准，2000 年我国水资源处于极不安全的状态，2001～2004 年虽然有所改善，但仍处于不安全的状态，此后的五年略有起色，但一直处于不安全和基本安全之间的一般水平，直到 2010 年才达到基本安全的水平，在 2011 年和 2014 年继续维持基本安全状态。这一结果得益于多种因素的共同作用，包括经济发展、水安全意识提高、水法规日益健全、科技发展等。然而，直到 2014 年仍未达到最优的水安全标准。因此，我国水安全建设的任务仍需继续推进，力度还有待进一步加强，增强我国水安全依然任重道远。

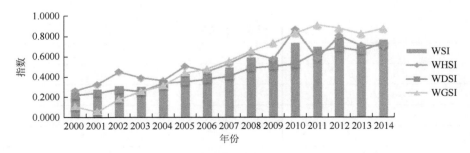

图 2.1　水安全综合指数及准则层系统指数历年值

二、农村水环境问题的特点

从上述水安全评价分析可知，人口增长率、有效灌溉面积、人均国内生产总值、农村居民家庭人均年纯收入、环境污染治理投资总额占国内生产总值比重、水污染事故次数、耗水率、城市污水处理率等与农村、农业相关的指标属于对水安全影响最大的因素之一。这些也恰恰是影响农村水环境的重要因素。农村水环境问题的视域聚焦在广大分散的农村地区，水环境问题的症状与农村地区的特殊性相叠加，呈现出了更加鲜明和突出的特点。

（一）污染结构多样，点面兼具，来源复杂

农村水环境污染的结构呈现出明显的多样化特征。根据排放规律划分，点源污染和面源污染两种类型结构同时存在，点源污染占比较少，主要是一些乡镇企业工业废水排放以及附近城市中工业污染的转移；面源污染占绝大部分比重，尤以农业面源污染最为突出，包括农业生产中农药、化肥等的使用、秸秆焚烧和农业养殖过程中产生的水污染等，此外，农村生活垃圾、周边城市生活垃圾的转移和生活污水的排放也是构成农村水环境面源污染的重要部分。与点源污染相比，面源污染成分更加复杂，可控性更差。农村水环境污染主要来自于农业种植、禽畜养殖、农村居民生活和农村工业企业污染，生产和生活污染混杂，农业与工业污染叠加，各种新旧污染交织，形成了农村水环境污染的复杂局面。

（二）污染涉及面广，布局分散，治理困难

农村水环境污染多为面源污染，加之水资源的流动性特征，污染涉及范围广泛，以农业化肥污染为例，施用的化肥经过冲刷、淋溶等一系列自然行为而流失，既会渗入土壤里层污染地下水，又能随地表径流流入水体环境，污染范围不断扩大。此外，与城市生产生活场所相对集中不同，农村地区大多没有进行统一的土地规划，居住场所较为分散，工业布局散乱，甚至生产生活场所相互夹杂，虽然在新农村建设的推进下这一现象有所改善，但仍限于经济较发达的少数农村地区，大多数农村地区仍保持传统的散乱局面。在此基础上，由生产生活导致的农村水环境污染也呈现出遍地开花、布局分散的特点。由于涉及面广，源头众多且分散，一般的源头控制和污水治理等措施难以达到应有的效

果，再加之农村水环境治理本身就缺乏完善的政策和机制，如何有效地治理农村水环境成为一个难题。

（三）污染负荷过大，后果严重，矛盾突出

农村水环境污染问题由来已久且普遍存在，污染负荷十分严重。如图 2.2 所示，1993～2014 年，我国农业化肥使用量由 3151.9 万吨增加到 5995.94 万吨，是世界平均化肥使用量的一倍多。农药使用量的增加几乎与化肥同步，如图 2.3 所示，1993～2013 年，我国农药使用量由 84.48 万吨增加到 180.19 万吨。近年来，禽畜、水产等养殖业在农村地区的经营规模处于不断扩大之中，在给农村带来快速发展的同时，给水环境造成了较大的压力。根据 2010 年由环境保护部、国家统计局和农业部一起推行的《第一次全国污染源普查公报》，如表 2.3 所示，农业产生的水污染物中畜禽养殖业产生了 1268.26 万吨化学需氧量（chemical oxygen demand，COD），102.48 万吨总氮（total nitrogen，TN）和 16.04 万吨总磷（total phosphorus，TP）；水产养殖业产生的化学需氧量、总氮和总磷分别为 55.83 万吨、8.21 万吨和 1.56 万吨。此外，农村人口在我国总人口中占比达 45.23%，庞大的人口产生了大量的生活垃圾，按照目前的人口数量和产生生活垃圾的比例，保守估计全国每年能够产生近 4 万吨的生活垃圾（訾健康，2012）。

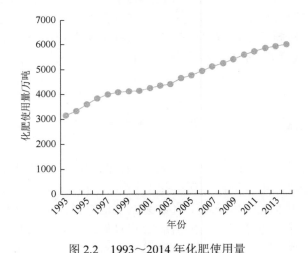

图 2.2　1993～2014 年化肥使用量

资料来源：中经网数据库

严重的农村水环境污染不仅危及农村饮水安全和农产品安全，给人们的生命安全带来了隐患，还可能诱发群体性矛盾，不利于农村社会的安定和谐。有统计

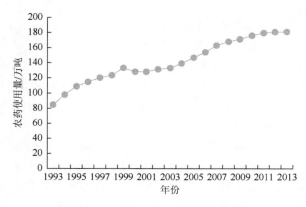

图 2.3　1993～2013 年农药使用量

资料来源：中经网数据库

表 2.3　养殖业主要水污染物排放量

污染物	化学需氧量/万吨	总氮/万吨	总磷/万吨	铜/吨	锌/吨
禽畜养殖业	1268.26	102.48	16.04	2397.23	4756.94
水产养殖业	55.83	8.21	1.56	54.85	105.63

资料来源：《第一次全国污染源普查公报》

数据表明，在信访事件中，半数以上都是由农村环境污染引发的矛盾，如水源污染、工厂排污威胁生产生命安全等。环境保护部统计，从 2008 年至 2015 年，有 50%的来信和 70%的来访反映的都是农村地区的环境污染问题。主要问题包括饮用水井、灌溉水源污染，噪声、粉尘、恶臭扰民，养殖物、种植物因污染受损，健康受损等。

三、农村水环境污染的核算

农村水环境主要是指分布在农村地区的地表水体、土壤水和地下水，包括河流、湖泊、沟渠、池塘、水库等，其主要污染物质是化学需氧量、总氮和总磷。农村水环境包括三大部分：地表水、土壤水和地下水，其中地表水是指在农村随处可见的池塘、水库、湖泊和江河等。化学需氧量、总氮和总磷是污染农村水环境的主要物质。目前，关于农村水环境污染的量化研究鲜有人涉及，但是在农村农业面源污染的测度上，有不少学者做出了一些有益的探索。同样在缺乏直接的统计数据的条件下，许多研究采用清单分析法（姜峰和崔春红，2012）、输出系数法（刘亚琼等，2011；Johnes and Reading，1996）、综合调查法（钱秀红等，2002）、污染负荷模型法（陆珊等，2015）和水文分割法（郑丙辉等，2009）等对农村农业面源污染进行了定量的测度，研究区域主要是海河、太湖、淮河等流域，此外还涉及湖南、江苏、北京等个别省（直辖市）。参考这些研究，本部分引入清单分析法对 1993～2013 年中国农村水环境污染的全国总量和各省分量进行测度，详尽分析中国 20 年来农村水环境污染的时间演变、空间分布和污染来源，既为农村水环境污染领域的量化分析开拓思路，又为深度把握中国农村水环境污染规律和完善中国农村水环境管理奠定基础。

清单分析法常见于环境污染研究，是一种通过确定污染物的产污单元，基于产污单元的产污系数，借助核算公式对环境污染的发生量进行测算的方法，产污单元、产污系数和核算公式构成了这一方法的核心要素。运用清单分析法测算中国农村水环境污染量的思路在于：通过识别中国农村水环境的污染单元、确定产污系数和核算公式来测算污染农村水环境的化学需氧量、总氮和总磷的发生量。

（一）农村水环境的产污单元识别

从现有的文献分析中可知，一般认为造成农村水环境污染的直接原因有居民生活垃圾、污水污染、化肥污染、农药污染、畜禽污染、乡镇工业污染（唐丽霞和左停，2008；金书秦，2013；范彬，2014），结合农村水环境污染的现状，中国农村水环境污染的代表性产污单元可概括为农业种植污染、禽畜养殖污染、农村生活污染和乡镇企业污染，其中，农业种植污染重点考虑氮肥、磷肥的化肥单元和稻谷、玉米、小麦的秸秆固体废弃物单元，禽畜养殖污染选取常见的猪、牛和家禽，农村生活污染主要考虑生活污水和人体排泄，乡镇企业污染考虑工业废水，依据单元识别标准和方法确定的农村水环境污染产污单元如表 2.4 所示。

表 2.4　农村水环境污染产污单元识别

活动	类别	单元	计量指标（单位）
农业种植	化肥	氮肥	施用量（折纯-万吨）
		磷肥	施用量（折纯-万吨）
	秸秆	稻谷	总产量（万吨）
		玉米	总产量（万吨）
		小麦	总产量（万吨）
禽畜养殖	大牲畜	猪	年末存栏量（万头）
		牛	年末存栏量（万头）
	家禽	家禽	年内出栏量（万只）
农村生活	生活污水	人	农业人口（万人）
	人体排泄	人	农业人口（万人）
乡镇企业	工业废水	工业废水	工业废水排放量（万吨）

（二）农村水环境的污染核算方法

基于上述确定的产污单元，根据核算公式计算造成农村水环境污染的各产污单元所产生的水污染物质化学需氧量、总氮、总磷的量，从而得到农村水环境污染的量化测度值。各产污单元污染物核算公式如表 2.5 所示。

表 2.5　产污单元污染物核算公式

类别	核算公式
化肥	氮肥污染物产生量＝1×氮肥施用折纯量×流失系数
	磷肥污染物产生量＝1×氮肥施用折纯量×43.66%×流失系数
秸秆	秸秆污染物产生量＝作物总产量×秸秆产量比×（1-秸秆综合利用率）×秸秆养分含量×流失系数
禽畜养殖	禽畜产污量＝禽畜养殖数×禽畜粪尿的氮、磷、化学需氧量系数×流失系数
生活污水	农村生活污水产污量＝农村人口×人均污水的氮、磷、化学需氧量系数×流失系数
人体排泄	人体排泄物产污量＝农村人口×人均排泄物的氮、磷、化学需氧量系数×流失系数
乡镇企业污染	乡镇企业产污量＝乡镇企业总产值×单位产值工业废水系数×工业废水的氮、磷、化学需氧量系数

注：乡镇企业污染主要以工业废水排放为载体，直接流入水环境，故视为完全流失，不再乘以流失系数

系数的确定是核算农村水环境污染物的关键。目前，主要可通过大量文献调研和进行典型单元的产污实验研究两种方法来确定产污系数和流失系数（赖斯芸等，2004），其中，文献调研法凭借较强的可操作性成为运用较多的方法。本书沿用这一做法，参考环境保护部文件《关于减免家禽业排污费等有关问题的通知》（环发〔2004〕43 号）、《中国有机肥料养分志》、《第一次全国污染源普查工业污染源产排污系数手册》以及大量相关文献（冉瑞平等，2011；钱秀红等，2002；Worralla and Burtb，1999）的研究确定各产污单元的产污系数和在不同区域的流失系数。

（三）数据来源和处理

根据上述方法利用 1993～2013 年的相关数据测算中国近 20 年来历年农村水环境污染物的全国总量和各省分量。数据来源于各年《中国农业统计年鉴》、《中国农村统计年鉴》和国家统计局。计算过程中对所有涉及价值的数据都换算为以 1990 年为基期的可比价格，个别缺省的数据用线性趋势法进行了处理。在计算各

省的农村水环境污染物产生量时，因为研究时期起始于 1993 年，而重庆在 1997 年才被单列为直辖市，所以在测算中将其与四川省合并，此外还不包括港澳台地区，最终测算的省份为 30 个。

四、农村水环境污染的时空分布

为了全面反映中国农村水环境污染的分布和变迁情况，这里主要从时间和空间两个维度着手对测算结果进行分析。

（一）农村水环境污染的时间分布

基于时间序列的视角，1993～2013 年中国农村水环境污染物的全国总量测算结果如表 2.6 所示，1993～2013 年，全国农村水环境污染物总氮、总磷和化学需氧量的产生量平均值分别为 576.26 万吨、97.81 万吨和 1227.85 万吨，其中，总氮和总磷整体上呈增长趋势，分别从 1993 年的 468.39 万吨和 75.29 万吨上升为 2013 年的 636.21 万吨和 117.13 万吨。而化学需氧量污染量总体下降趋势明显，1993 年为 1327.64 万吨，2012 年减少为 1033.81 万吨，2013 年仅为 932.71 万吨。根据《全国环境统计公报》，全国废水化学需氧量排放量呈现下降趋势，从 2011 年起，农业源化学需氧量排放量也开始纳入统计，数据显示，2011 年、2012 年和 2013 年的农业源化学需氧量排放量分别为 1186.1 万吨、1153.8 万吨和 1125.8 万吨，逐年不断下降。本书的测算结果与实际数据相差不大，印证了核算的可行性与结果的可靠性。

在这 20 年中，农村水环境污染物的产生量出现了增减波动的阶段，波动区间的不同体现了三种水环境污染物质的趋同与分异。总氮和总磷污染量的变化规律极为相似，整个变化过程分成了两个阶段，1993～2005 年基本处于平稳上升的状态至 2005 年达到峰值，2006～2013 年也在相对较低水平上呈稳定增长，大的跳跃发生在 2005～2006 年，总氮和总磷污染量明显降低。自 2006 年起，国家废除农业税，对农民实行"两减免，三补贴"政策，农业税的特点之一是负担稳定，鼓励增产不增税，因而在此之前为了提升单位面积土地产量，必然伴随着农药、化肥等的大量使用，对农村水环境造成污染。取消农业税之后即使产量减少也能获得同样的收入，故 2006 年会出现明显的污染下降势头。化学需氧量污染量的变化以 1995 年为分水岭，之前一直不断上升，1995 年达到 1681.87 万吨的峰值，此后除 2000 年有小幅上扬总体一直处于平稳下降状态。

表 2.6　1993～2013 年中国农村水环境污染物产生量（单位：万吨）

年份	总氮	总磷	化学需氧量	年份	总氮	总磷	化学需氧量
1993	468.39	75.29	1327.64	2004	585.68	99.88	1183.85
1994	492.15	80.44	1338.73	2005	610.95	105.20	1217.93
1995	546.65	89.40	1681.87	2006	586.74	98.43	1114.07
1996	542.22	90.96	1572.15	2007	580.70	99.28	1047.01
1997	536.47	87.60	1375.10	2008	597.54	103.67	1033.85
1998	549.26	91.96	1253.59	2009	604.64	105.31	1041.12
1999	556.53	93.86	1217.39	2010	614.82	107.83	1036.68
2000	577.49	94.16	1455.58	2011	628.46	110.99	1008.78
2001	579.21	94.89	1358.53	2012	652.27	115.68	1033.81
2002	583.85	96.26	1326.83	2013	636.21	117.13	932.71
2003	571.15	95.87	1227.72				

（二）农村水环境污染的空间分布

中国农村水环境污染的空间分布以省份为分析单元。各省农村水环境污染物产生量的测算结果表明，全国 90%以上的省份 20 年间农村水环境总氮和总磷污染物的产生量处于不断上升的状态。1993～2013 年，总氮和总磷污染量除北京、上海和青海三个省（直辖市）呈明显下降趋势外，其他省份基本都呈增加的态势。化学需氧量污染量在 30 个省份中有 23 个省份整体上表现出减弱的势头，但仍有内蒙古、吉林、黑龙江、甘肃、宁夏、新疆、西藏等 8 个省（自治区）不降反增。这几个省份主要分布在我国的东北和西部，前者依托东北老工业基地工业发达，后者是承接东部产业转移的重要区域。与上面从时间序列的视角看全国总量污染的结果相印证，中国农村水环境污染虽然在个别污染物上表现出了减少的势头，但并未实现各局部空间全面覆盖，同时其他污染物无论是在全国总量上还是在各局部空间上都呈明显的增长趋势，可见中国正面临着持续上行的农村水环境污染压力。

中国农村水环境污染的空间分布还体现出了较大的省际差异性，不同地区污染物产生量的差距较大。2013 年总氮污染量的省际波动范围在 2.05 万～63.77 万吨，青海最少，山东最多，后者是前者的 30 多倍；总磷污染量的省际变化范围为0.37 万～14.57 万吨，仍然是山东最高，最低的是北京，两者之间的差距也达到了30 多倍。化学需氧量污染量山东依然高居榜首，达 104.09 万吨，北京最低，仅有4.02 万吨。由此可见，受不同地区、不同经济条件、分工定位、自然禀赋等诸多因素的影响，农村水环境污染呈现出了差距极大的空间分异特征。其中，山东在农村水环境三种污染物上都最为严重，这是由其农业大省的地位决定的，山东农业历史悠久，是全国耕地率最高的省份，是种植业的发源地之一。北京和青海一为重要的政治经济中心，一为偏寒的高原地带，因而农村水环境污染较少。

　　为了更清晰地描绘中国农村水环境污染的空间分布情况，进一步对各省份分别取三种污染物产生量在1993~2013年的平均水平，经统计分析得到均值（u）、最大值（max）、最小值（min）和分布频率，参照陈敏鹏等（2006）的做法进行Ⅰ、Ⅱ、Ⅲ、Ⅳ四级分区，分区区间分别为[min, $u/2$]、（$u/2$, u]、（u, $2u$]、（$2u$, max]，级别越高表示污染越严重。各污染物分区结果如表2.7所示。

表2.7　农村水环境污染物的空间区域分布

污染物	Ⅰ级区域	Ⅱ级区域	Ⅲ级区域	Ⅳ级区域
总氮	宁夏、青海、海南、北京、天津、西藏、上海、甘肃、新疆、陕西、山西	福建、贵州、内蒙古、云南、江西	广西、浙江、湖北、辽宁、吉林、黑龙江、安徽、广东、湖南、河北	江苏、四川、河南、山东
总磷	宁夏、天津、海南、北京、青海、上海、西藏、甘肃、山西、新疆、陕西	贵州、内蒙古、福建、浙江、云南	广西、湖北、江西、广东、黑龙江、湖南、辽宁、吉林、河北、安徽	江苏、四川、河南、山东
化学需氧量	宁夏、海南、北京、天津、甘肃、新疆、青海、上海、内蒙古、陕西、贵州、山西、西藏	吉林、云南、黑龙江、福建、广西、江西	湖北、安徽、辽宁、湖南、河北、浙江	广东、四川、江苏、河南、山东

　　根据分区结果，从污染物的内部结构来看，总氮、总磷和化学需氧量三种污染物的空间分布基本相同。总体上看，我国农村水环境污染的空间分布与农业生产规模的空间分布具有大致相同的规律，与陈敏鹏等（2006）的研究结果一致。我国农村水环境污染物产生量最多的Ⅳ级区域有山东、河南、四川和江苏等省份，Ⅲ级区域主要有河北、辽宁、湖北、湖南、安徽等省份，这些都是我国主要的农业尤其是种植业大省，从这些省份的区域位置来看，长江中下游地区占据了很大的比例，与该地区是传统的农业发达区这一事实相符。而污染相对最小的Ⅰ级区域主要由两类地区组成，一类是城市化水平和工业发展水平相对较高的发达城市与沿海城市，如北京、上海、天津、海南等，另一类则是自然气候土壤等不适合农业发展的西北地区，如甘肃、青海、宁夏、新疆、西藏等。

（三）中国农村水环境污染的污染源解析

　　通过测算把握中国农村水环境污染的时空规律之后，进一步对其污染来源进行解析，以便于重点突出、有的放矢地制定相关对策。这里在前面污染物产生量测算结果的基础上进一步计算各产污单元的污染贡献率，遵循整体总量到局部分量的思路对中国农村水环境污染的源头进行剖析。

1. 全国总量层面的污染来源分析

农村水环境总氮污染物质的主要来源是农业种植污染和禽畜养殖污染。1993～2013 年，农业种植污染对总氮污染产生总量的平均贡献率为 47.99%，禽畜养殖污染的平均贡献率为 32.25%，乡镇工业的总氮污染贡献率较低，为 14.91%，农村生活污染的总氮污染贡献率最低，仅为 4.84%。20 年间随着时间的变化，如图 2.4 所示，农业种植污染贡献基本持稳，禽畜养殖污染贡献有所上升，农村生活和乡镇工业贡献率都呈明显下降趋势。

农村水环境总磷污染物质的主要来源是禽畜养殖污染。农业种植、禽畜养殖、农村生活和乡镇工业四个主要污染源对农村水环境总磷污染 20 年的平均贡献率分别为 40.43%、52.76%、2.38%和 4.43%，可见禽畜养殖污染占据绝对较高的比重。从时间阶段来看，如图 2.5 所示，农业种植污染和禽畜养殖污染贡献率以 2005 年为临界点分成两个变化阶段，2005 年以前，农业种植污染的总磷贡献率呈下降趋势，而禽畜养殖污染贡献率则上升，2006 年禽畜养殖污染总磷贡献率骤降到一个较低水平，此后基本趋于稳定，相反农业种植污染贡献率于 2006 年骤增，此后保持平稳上升趋势。2006 年农业税的取消不仅影响农村水环境污染物的量，还影响农村水环境污染物的污染结构。农业税减免会激励农民转向种植业改变生产结构。此外，农村生活污染贡献率呈逐年下降趋势，乡镇工业总磷污染贡献率在 2000 年之后基本处于较大幅度的下降态势。

农村水环境化学需氧量污染物质的主要来源是乡镇工业，其 20 年间平均贡献率为 32.77%，禽畜养殖污染以 32.3%的平均贡献率紧随其后，农村生活污染和农业种植污染的平均贡献率相差不大，分别为 17.43%和 17.5%。就贡献率变化趋势来看，如图 2.6 所示，农业种植污染、禽畜养殖污染和农村生活污染贡献率都呈波动上升趋势，而乡镇工业污染贡献率却接连下降，1993 年为 44.87%，约占总污染的一半，到 2013 年仅为 15.1%。

综上所述，禽畜养殖污染是农村水环境污染最大的威胁，它对农村水环境的三类主要污染物总氮、总磷和化学需氧量都有很高的贡献率。农业种植污染是农村水环境总氮、总磷污染的主要来源之一，乡镇工业污染则是农村水环境化学需氧量污染最重要的来源。农村生活污染对农村水环境污染影响相对最小，其主要带来的是化学需氧量污染。农村居民的环境保护意识、农村的生活污染处理等随着社会主义新农村的建设逐渐加强，而且随着城镇化进程的推进，农村人口大量离乡进城务工，也降低了农村生活对水环境造成的污染。

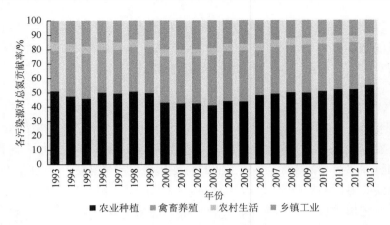

图 2.4 农村水环境总氮污染物来源情况

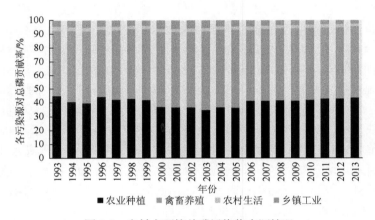

图 2.5 农村水环境总磷污染物来源情况

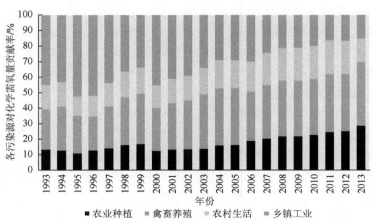

图 2.6 农村水环境化学需氧量污染物来源情况

2. 省级分量层面的污染源分析

考虑到农村水环境污染来源在各省空间分布上可能也会有差异,基于各省污染源贡献率在1993~2013年的平均值,进一步使用聚类分析方法在SPSS19.0软件中对各省污染来源情况进行聚类甄别,K-means聚类结果表明:中国农村水环境污染主要来源也具有一定的空间分异性。各省根据总氮、总磷和化学需氧量污染物来源的不同可分为三类区域。从总氮污染来源分布情况看,Ⅰ类区域乡镇工业污染贡献最大,其他三类污染较为平均,主要分布在东部沿海的江浙闽津沪一带;Ⅱ类区域农业种植和禽畜养殖污染贡献都比较高,农业种植污染比重最大,全国70%以上的省份都属于这一类型;Ⅲ类区域中禽畜养殖污染以80%以上的贡献率成为最大的污染来源,西藏和青海属于此类。化学需氧量污染来源区域划分情况与总氮极为相似,Ⅰ类区域主要表现为乡镇工业污染,贡献率高达90%以上,同样包括江浙闽津沪等东部沿海省份;Ⅱ类区域中各类污染贡献较为平均,禽畜养殖污染开始突出,囊括了全国中部和西部的绝大部分省份;Ⅲ类区域仍然突出表现为禽畜养殖污染,包括西部青藏两省(自治区)。总磷污染来源分布情况与上述两种略有不同,乡镇工业污染和农村生活污染贡献比重相对很低,在全国范围内其污染源主要表现为禽畜养殖污染和农业种植污染,区域的划分主要体现了这两者的更迭交替。Ⅰ类区域农业种植污染贡献略高于禽畜养殖污染,主要包括东部各省和中西部个别省份;Ⅱ类区域禽畜养殖污染贡献开始高于农业种植污染,主要包括中部各省和西部个别省份;Ⅲ类区域主要表现为禽畜养殖污染,包括青藏两省(自治区)。

综合三种污染物质来源的空间分布来看,东部沿海地区农村水环境污染最大的来源表现为乡镇企业污染,它对总氮和化学需氧量污染都有很大的贡献率,一直以来,东部沿海地区都是传统的工业发达地带,乡镇工业在全国处于领先地位。在广大的中部和除青藏两省(自治区)以外的西部地区,农村水环境污染主要表现为农业种植污染和禽畜养殖污染,这些地区多为传统的畜牧区或者农耕区,是我国最主要的农业生产腹地。青藏高原地区无论是总氮、总磷还是化学需氧量,禽畜养殖都是其最大的污染源,这与该地区位居高原气候寒冷,干旱缺水不宜耕作,是我国重要的畜牧基地有关。从中可看出,随着从东向西的区域走向,我国农村水环境的主要污染源由乡镇工业污染过渡到禽畜养殖污染和农业种植污染,最后主要表现为禽畜养殖污染,这一路径与我国地势的三大阶梯演进和区域产业布局相互印证。

五、农村水环境污染的总体评价

农村水环境污染具有点面兼具、来源复杂、布局分散、难以治理和量大面广、后果严重等特点，由于监测数据的缺乏，对农村水环境污染尚无系统的量化和统计，本章创造性地引入清单分析法，利用 1993~2013 年的数据从全国和省级两个层面测算了我国农村水环境主要的总氮、总磷和化学需氧量污染，从时间变化和空间分布两个维度分析了我国农村水环境污染的状况，并详细解析了污染来源。主要结论如下。

（1）无论是从时间演变上还是空间分布上来看，我国农村水环境污染都面临严峻的形势。虽然受益于乡镇工业的逐步取缔或迁移，农村水环境污染表现出了以化学需氧量污染减少为代表的改善趋势，但并未实现各省份空间全面覆盖，同时总氮和总磷污染物无论是在全国总量上还是在各省份空间上都呈明显的增长趋势，可见我国正面临着持续上行的农村水环境污染压力。

（2）中国农村水环境污染在空间分布上具有较大的省际差异性，污染物产生较多的是山东、河南、四川、湖北、湖南、河北等农业集约化程度较高的地区，发达地区和沿海城市以及西北不宜农作的地区污染产生较少。

（3）我国农村水环境污染最主要的来源是禽畜养殖污染，其次是农业种植污染，乡镇工业污染主要是通过化学需氧量污染物质造成水环境恶化，农村生活污染对农村水环境污染的影响相对较小。从不同地域空间的污染源来看，东部沿海地区农村水环境污染主要来源于乡镇工业污染，中西部主要来源于禽畜养殖污染或农业种植污染，青藏两省（自治区）主要表现为禽畜养殖污染。可见，随着地理位置从东向西推进，我国农村水环境的主要污染源也表现出了一条从乡镇工业污染为主到禽畜养殖污染为主再到农业种植污染为主的演化路径，与我国地势的三大阶梯演进和区域产业布局相互印证。

参 考 文 献

陈德敏，乔兴旺. 2003. 中国水资源安全法律保障初步研究[J]. 现代法学，25（5）：118-120.

陈敏鹏，陈吉宁，赖斯芸. 2006. 中国农业和农村污染的清单分析与空间特征识别[J]. 中国环境科学,26(6):751-755.

陈绍金. 2005. 水安全概念辨析[J]. 中国水利，（17）：13-15.

范彬. 2014. 统筹管理、综合治理 突破农村水污染治理难题[J]. 环境保护，（15）：15-19.

贾绍凤，王国，夏军，等. 2003. 社会经济系统水循环研究进展[J]. 地理学报，58（2）：255-262.

江红，杨小柳. 2015. 基于熵权的亚太地区水安全评价[J]. 地理科学进展，34（3）：373-380.

姜峰，崔春红. 2012. 基于清单分析的江苏省农业面源污染时空特征及源解析[J]. 安徽农业大学学报，39（6）：961-967.

金书秦. 2013. 农村环境污染溯源、应对和建议——从湖南省农村水污染调查窥探[J]. 经济研究参考，（43）：30-34.

赖斯芸，杜鹏飞，陈吉宁. 2004. 基于单元分析的非点源污染调查评估方法[J]. 清华大学学报：自然科学版，44（9）：1184-1187.

联合国教科文组织国际水文计划中国国家委员会. 2001. 水安全——人类的基本需要和权利（联合国秘书长科菲·安南在世界水日的献词）[J]. 水科学进展，12（2）：280.

刘亚琼，杨玉林，李法虎. 2011. 基于输出系数模型的北京地区农业面源污染负荷估算[J]. 农业工程学报，27（7）：

7-12.

陆珊，代俊峰，周作旺. 2015. 基于等标污染负荷法的生活和农业污染源分析[J]. 节水灌溉，（2）：45-49.

钱秀红，徐建民，施加春，等. 2002. 杭嘉湖水网平原农业非点源污染的综合调查和评价[J]. 浙江大学学报：农业与生命科学版，28（2）：147-150.

冉瑞平，李娟，魏晋. 2011. 丘区农村环境污染影响因素的实证分析——以四川省为例[J]. 农村经济，（4）：112-115.

唐丽霞，左停. 2008. 中国农村污染状况调查与分析——来自全国 141 个村的数据[J]. 中国农村观察，（1）：31-38.

王丽萍，李心海. 2015. 关于农村水环境污染现状与保护分析[J]. 资源节约与环保，（12）：176.

郑丙辉，王丽婧，龚斌. 2009. 三峡水库上游河流入库面源污染负荷研究[J]. 环境科学研究，22（2）：125-131.

郑通汉. 2003. 论水资源安全与水资源安全预警[J]. 中国水利，11（6）：19-22.

訾健康. 2012. 简述我国农村水污染现状及成因[J]. 现代化农业，（7）：52-53.

Johnes P J, Reading T U O. 1996. Evaluation and management of the impact of land use change on the nitrogen and phosphorus load delivered to surface waters: The export coefficient modelling approach[J]. Journal of Hydrology, （183）：323-349.

Rijsberman F R. 2006. Water scarcity: Fact or fiction? [J]. Agricultural Water Management, 80（1）：5-22.

Tarlock A D, Wouters P. 2010. Reframing the water security dialogue[J]. Journal of Water Law, 20（2）：53-60.

UNESCO-IHE. 2009. Research Themes: Water Security[EB/OL]. http://www.unesco-ihe.org/Research/Research-Themes/Water-security.

Witter S G, Whiteford S. 2000. Water security: The issues and policy challenges[J]. International Review of Comparative Public Policy, （11）：1-25.

Worralla F, Burtb T P. 1999. The impact of land-use change on water quality at the catchment scale: The use of export coefficient and structural models[J]. Journal of Hydrology, （221）：75-90.

第三章 农村水环境污染的宏观经济机理

农村水环境关乎农村经济乃至整个国民经济发展的大局，因此，应该将其放在整个宏观经济发展系统中考虑，从与经济发展的内在联系出发，把握农村水环境污染背后的宏观因子作用机理。本章从理论的角度分析农村水环境污染与经济发展之间的联系，进一步在环境库兹涅茨曲线模型的基础上对两者之间的关系进行实证检验。

一、经济发展与农村水环境污染的理论基础

（一）经济发展的相关理论

1. 经济发展的内涵

经济发展的内涵通常在辨析经济发展与经济增长的关系中表现出来。虽然在实际的研究中，早期的少数学者将经济发展等同于经济增长，认为两者是可以相互替代使用的名词（Adelman，1961）。但大多数学者还是认为经济增长和经济发展严格地说是两个不同的概念。经济增长指的是一个国家或地区在一定时期内物质产品和劳务数量的增长。经济增长的内涵通常仅限于就业人数增加、资金积累和技术进步等而产生的经济规模与数量上的扩大。经济发展不仅指产出量的增加，还包含产业结构改善、收入分配合理化、社会福利水平提高、政治体制变革、法规完善化、文化观念习俗的变革等。经济发展包含经济增长，但不局限于经济增长；经济发展不但包括数量内涵，而且注重质量内涵。一般地讲，经济发展的目标是：在经济体制、产业结构、收入分配、社会福利、文教卫生和群众参与等方面获得改进的同时，实现更高的经济增长。日本经济学家鸟居泰彦从以下方面贴切地表述了经济发展中产生的变化：收入持续增长、技术进步、产业结构的变化、资本积累、国际经济关系的发展和扩大、需求结构的变化、制度结构的变革、价值观的改变。

经济发展之所以超越经济增长，其优越性表现在以下几个方面。

（1）关注人民生活质量的提高。经济发展应该使人们的生活质量得到改善，包括消费模式的变化、文化教育程度的提高、医疗卫生条件的改善、精神状态的提升等。

（2）关注社会结构的改善。社会结构的改善包括制度结构（主要指经济制度，即经济运行机制的总和）、要素配置结构、生产结构、产出结构、贸易结构、分配结构、消费结构等变化的良性优化。经济结构的优化使要素使用率提高，发展结构更为均衡，从而为经济增长提供质的扩张。

（3）关注生态与自然环境的保护和改善。过度消耗资源，以生态失衡和环境恶化为代价的经济增长不是经济发展。经济发展讲求合理地利用资源，在生态保持平衡和环境可以承受的前提下获得更高的经济增长，即实现人与环境相协调的可持续的发展。

2. 经济发展的特征变量

经济发展的内涵十分宽广，在实际的分析和研究中通常以具体的特征变量作为代表性的研究对象。Gillis 等（1987）曾指出，经济增长是指国民收入或国民生产总值的总量或人均量的上升。经济发展除意味着人均收入上升外，还包括经济结构的根本变化：一是国民生产中农业份额缩小和工业份额增大，即工业化发展；二是农村人口百分比的减少和城市人口百分比的增加，即城镇化发展。可见经济增长、工业化和城市化是经济发展最重要的几个特征变量，在实际分析中得到了相对较多的运用。关于经济增长的内涵已无需赘述，而工业化和城市化的定义尚存在多家之言。

（1）工业化。工业化的概念有狭义和广义之分，狭义的工业化概念认为工业化是不包含农业的结构转换，即农业在国内生产总值和总就业中的比重降低，制造业和服务业比重提高。钱纳里认为工业化即制造业产业增加值比重提高的进程，工业化水平以制造业在国内生产总值中的比重测量。《新帕尔格雷夫经济学大辞典》定义工业化为制造业和第二产业产值及从业人口份额的持续增加过程。广义的工业化概念意味着基本生产函数发生不断变化的进程。以张培刚的观点为代表，他认为工业化是国民经济中的基要生产函数（或生产要素的组合方式）持续产生从低级化向高级化的关键性变化（或变革）的总进程。一方面这种变化由低级到高级，持续前进，是动态的；另一方面这种变化具有突破性和革命性。

（2）城市化。城市化又称为城镇化，基于不同的学科视角，内涵存在差别。经济学认为城市化是由工业革命引起的人口向城市集中的过程，社会学将其定义为人们的社会关系和人际关系在地域空间中的质变过程，而地理学却将它定义为城市地域的扩展和城市空间与布局的变动。我国颁发的《城市规划基本术语标准》（GB/T 50280—1998）对城市化做出了明确的界定，即城市化是人类生产与生活方式由农村型向城市型转化的历史过程，主要表现为农村人口转化为城市人口及城市不断发展完善的过程。这种转化并不仅意味着简单的农村人口变为城市人口，其蕴涵的深层次意义在于它也是一种空间分布结构、人口素质结构等的转化，是传统生产生活方式向现代生产生活方式的迈进。

3. 经济发展阶段理论

发展会使各事物逐渐发生量变和质变，从而使不同的阶段呈现出不同的阶段性特征。许多学者研究了经济发展阶段的划分情况，目前较为典型的经济发展阶段划分理论主要有三阶段论、四阶段论、五阶段论和六阶段论。

如表 3.1 所示，三阶段论以阿明（2000）提出的依附理论（又称中心—外围理论）为代表，他认为外围的发达国家遵循从殖民主义阶段到进口替代工业化阶段再到依附国真正走上自力更生道路阶段这三个发展阶段。四阶段论则以弗里德曼的"核心—边缘"理论为代表，这一理论认为区域经济的发展要经过四个阶段，即前工业阶段、过渡阶段、工业阶段和后工业阶段。在五阶段论方面，李斯特（1961）、胡佛（1975）都有理论论述。李斯特认为原始未开化阶段、畜牧阶段、农业阶段、农工业阶段和农工商阶段是五个经济发展阶段；胡佛站在产业结构和制度背景的角度，指出区域经济发展的五个阶段可划分为自给自足经济阶段、乡村工业崛起阶段、农村生产结构转换阶段、工业化阶段和服务业输出阶段（成熟阶段）。六阶段论的代表人物是罗斯托（1962），他通过对主导产业的界限划分，把经济发展过程划分成六个阶段，即传统社会阶段、起飞前的准备阶段、起飞阶段、走向成熟阶段、大众高消费阶段和追求生活质量阶段。

表 3.1　经济发展阶段理论代表性观点

类别	代表人物	经济发展阶段划分					
三阶段论	萨米尔·阿明	①殖民主义阶段		②进口替代工业化阶段		③依附国真正走上自力更生道路阶段	
四阶段论	弗里德曼	①前工业阶段		②过渡阶段		③工业阶段	④后工业阶段
五阶段论	李斯特	①原始未开化阶段	②畜牧阶段	③农业阶段	④农工业阶段		⑤农工商阶段
	胡佛	①自给自足经济阶段	②乡村工业崛起阶段	③农村生产结构转换阶段	④工业化阶段		⑤服务业输出阶段（成熟阶段）
六阶段论	罗斯托	①传统社会阶段	②起飞前的准备阶段	③起飞阶段	④走向成熟阶段	⑤大众高消费阶段	⑥追求生活质量阶段

资料来源：根据相关资料收集整理

（二）经济发展与环境污染关系的环境库兹涅茨曲线理论

环境库兹涅茨曲线，又称倒"U"形曲线，最早用于研究经济发展与收入分配的关系。20 世纪 50 年代，美国经济学家库兹涅茨在研究经济发展与收入分配的关系中发现，收入分配状况随经济发展过程而变化。在经济发展初期阶段，收入分配情况先不断扩大，伴随着经济的不断发展，渐渐得到缓和，最后变为较为公平的收入分配情况，呈现倒"U"状。这一研究给后来的经济学家带来了启发，被用来研究环境质量和收入之间的关系。美国经济学家 Grossman 和 Krueger（1991）对 66 个国家 1979～1990 年 14 种空气污染物质与水污染物质的变动情况进行分析，指出了污染与人均收入间的关系为：污染在低收入水平上随人均国内生产总值增加而上升，在高收入水平上随人均国内生产总值增长而下降。Panayotou（1993）将这种环境质量与人均收入间的关系命名为环境库兹涅茨曲线。环境库兹涅茨曲线理论认为，当经济发展处于较低水平时（前工业阶段），环境退化处于较低水平；当经济发展速度变快、到达工业阶段时，随着农业和其他资源开发强度的增大及大机器工业的兴起，资源的损耗速率大于资源再生率，所产生的有毒废弃物污染环境质量，使环境不断恶化，逼近甚至超过生态阈值。但当经济发展到一定水平，到达后工业阶段时，经济结构向清洁行业转化，加上人们环境消费意识增强，政府更为重视环境法规的执行，也有足够的资金进行环境技术改造和环境保护投资，环境质量出现改善现象（李海鹏，2007）。

二、经济发展与农村水环境污染的理论分析

（一）经济发展与农村水环境污染关系演变

　　水环境决定了生命、生产、生活能否健康有序发展，农村水环境在整个农村生态环境中处于核心地位。经济发展与农村水环境之间存在着既对立又统一的辨证关系。一方面，经济发展要求农村水环境具有无限的资源供给和吸纳承载能力，但事实上农村水环境的资源供给和吸纳承载能力是有限的，这就构成了两者的对立矛盾方面。一旦农村水环境提供的水资源被过度消耗，或者经济发展带来的大量污染物质超过了农村水环境系统的容纳能力，就会造成生态系统功能下降、生态平衡难以恢复，农村水环境枯竭和污染恶化将成为常态。另一方面，经济发展到一定的阶段，物质基础、技术水平和制度保障更为健全，农村基础设施薄弱、污染处理手段落后、环保法律法规缺失和执行不力等问题将更容易得到解决，从而对维护良好的农村水环境是一个极大的保障和促进。农村水环境的改善反过来又能更好地满足经济发展的需求，形成理想的良性循环，这是两者相统一的方面。如表 3.2 所示，在不同

的经济发展时期，两者的矛盾和统一程度互不相同，最终所表现出来的发展状态也具有不同的特征。

表 3.2　经济发展与农村水环境污染关系演变

经济发展阶段	特征	产业结构	农村水环境污染程度	经济发展与农村水环境污染之间的关系
初级	工业弱小，农业主导，生产力低，对环境索取较少	第一产业＞第二产业＞第三产业	较少污染	低水平协调
中级	工业快速发展，农业地位下降，对环境资源掠夺性开发	第二产业＞第一产业＞第三产业	污染加剧，可能逼近承载极限	矛盾突出
高级	工业趋于成熟，开始反哺农业，重视环境质量	第三产业＞第二产业＞第一产业	污染改善	高水平的协调

在经济发展的初级阶段，工业尚不发达，农业在国民经济中处于主导地位，承担着支持国计民生、积累资本的重任。这个阶段的农业还处于传统的原始耕作时期，农业生产活动消耗的资源相对较少，给包括水环境在内的整个生态环境造成的压力也较低，农业人口在经济社会中占据主导地位，生存和利益都有较强的保障，食物以外的消费需求较低。在这一阶段，经济发展与农村水环境之间能够达到一个低水平的协调促进，经济发展尚处于起步当中，农村水环境的资源供给和纳污承载能力还有较大的可用空间，造成的农村水环境污染很少。

在经济发展的中级阶段，工业处于快速发展当中，与之相对应的是农业在国民经济部门中的产值和地位不断下降，生态功能逐渐凸显。工业发展对资源的要求持续增长，相当一部分的农业资源被用来填补工业需求，既直接造成了农业资源流失，在可用资源有限的情况下，又会间接地促进使用各种农药化肥来提高农业产量，这些污染物质和工业发展直接产生的大量污染物质一起进入农村水环境，使污染大幅增加，甚至逼近水环境的承载能力限值。尽管这样掠夺式的发展，中级阶段的工业仍然没有实力提供大量的物质支持来改善农村水环境，政府采取强硬手段或高额补贴来着手改善也缺乏可行性。因而在这一阶段，农村水环境污染剧烈增加，有可能达到承载的极限，与经济发展矛盾突出。

在经济发展的高级阶段，工业高度发达，能够积累丰厚的社会资本，有实力承担支持国计民生的职责。农业生产规模则不断缩小，但是得益于该阶段发达的农业生产力，农业部门仍然能够满足社会对食物和原材料的需求。在这一阶段，人们开始真正追求高质量的生态环境，在生产生活中贯彻环保观念，工业积累的物质资本也能被用来改善环境，政府部门在环保上也大有作为，对农村基础设施、污染处理系统等的投资建设力度加大，因而农村水环境污染得以改善，与经济发展形成真正高水平的协调。

（二）经济发展对农村水环境污染的影响效应

1. 经济发展对农村水环境污染的恶化效应

在经济快速发展的过程中，多种因素通过直接或间接的作用，造成农村水环境污染恶化，大致体现在以下几点。

（1）经济发展掠夺农业生产资料和产品导致的农村水环境污染恶化。经济发展需要以一定的物质生产资料为基础，农业是其最大的供给源。在经济发展过程中，扩张的工业生产部门对原材料的需求持续增长，膨胀的城市人口对农产品的需求也越来越大，整个经济发展对产品、土地、原材料、劳动力等的需求都在大幅度增加。在这种情况下，一些农业生产资料如土地以及农村劳动力等开始被工业部门占用，农业产品也被大量地输送至城市。然而，农业自身也需要投入一定的生产资源，其产出也是有限的，为了在可用生产资料减少的情况下满足日益增加的产品需求，农业生产中不得不大量地使用农药化肥等来提高产量，这些物质大部分不能被吸收利用，经由回灌、淋溶或渗透作用进入地表水和地下水，造成农村水环境污染的恶化。

（2）经济发展改变农村消费习惯导致的农村水环境污染恶化。在经济发展的初级阶段，农业生产处于原始时期，农村大多处于封闭的状态，受到整个大环境生产力低下以及自身闭塞性的影响，农村居民消费习惯以满足食物需求为主，生活方式也较为原始，产生的生活消费垃圾结构简单、毒性较低，能够很好地被环境降解和容纳，对农村水环境造成的污染较小。受到经济发展浪潮的冲击，农业生产开始走向现代化，农村的大门也逐渐敞开，工业化和城市化的成果开始涌入农村市场，农村居民生活条件得到改善，消费习惯也逐渐多元化，不再满足于单一的食品需求，而是更多地与城市文明接轨，导致农村生活垃圾的结构也与城市趋同，塑料、塑胶等有毒物质增多，但是在农村又缺乏与城市相似的垃圾处理系统，农村居民环保意识也更加淡薄，这些垃圾在农村得不到妥善的处置，农村环境本身又无法将其降解和容纳，因而流入河流湖泊等水体，或者渗入地下，造成农村水环境的进一步恶化，威胁到农村居民的生命安全。

（3）经济发展催生城市污染转嫁导致的农村水环境恶化。经济发展必然伴随着工业产能的增加，在这个过程中，工业三废等污染物质大量出现，无法由城市处理的部分通常被运往城郊或较远的农村地区，更有甚者，在产业转移的过程中，许多在城市无法立足的高污染高能耗企业纷纷迁往农村地区，对当地进行直接的污染物质排放。此外，急剧增加的城市人口也造成了城市垃圾的大幅增加，在城市处理能力有限的情况下，许多的城市生活垃圾也被运往农村地区进行处理，这些由经济发展催生的污染物质膨胀给农村包括水环境在内的整个生态环境都带来了额外的负担，造成农村水环境污染的恶化。

　　2. 经济发展对农村水环境污染的改善效应

　　经济发展对农村水环境污染的影响并不全都是负面的，两者之间保持对立统一的关系，到一定程度时经济发展对农村水环境污染也具有正面的改善效应，主要体现在以下方面。

　　（1）经济发展提供物质支持促进农村水环境污染改善。在经济发展尚不发达时期，对整个宏观经济而言，发展才是首先需要解决的问题。为了满足日益增长的需求，整个社会的物质资料都为发展而服务，追求经济增长带来的环境问题即使受到了注意也没有足够的资金、匹配的技术和适当的制度等条件来进行改善，尤其是在广大农村地区，经济发展较城市更为落后，基础设施薄弱，环保投入很低，农村居民自身无法负担改善农村水环境的成本，政府也没有能力提供相应的保障，只能放任农村水环境污染持续恶化。而经济发展起来后，整个社会积累了较多的物质资本，有能力投入足够的资金、开发匹配的技术、改革相应的制度为改善农村水环境污染提供支持，农村居民自身也有了经济积累，能够承担一部分改善农村水环境污染的成本，因而得益于经济发展的物质支持，农村水环境污染可以得到改善。

　　（2）经济发展引发环境需求促进农村水环境污染改善。根据马斯洛的需求层次理论，人类只有在满足自身最基本的生存需求后，才会追求更高层次的需求。同样地，只有当经济发展到一定的程度之后，社会才会开始关注环境需求。尤其是对农村居民而言，在经济发展的初级阶段，生存都难以得到有利保障，高质量的环境更是一种奢求，因而往往会选择牺牲环境耗费资源来追求经济的增长。而进入经济发展中级和高级阶段后，无论农村居民还是城市居民都开始关注健康、环境等高层次需求，都希望能喝上安全的饮水，拥有良好的水环境，这将吸引政府以及农业生产者投资进行农村水环境污染治理，同时有意识地选择对农村水环境有益的发展项目，促进农村水环境污染的改善。

（三）经济发展与农村水环境污染的理论模型

　　由相关经济理论可知，经济发展与农村水环境污染之间的关系并非单一不变的，而是在不同的阶段呈现出不同的特征。进一步根据描绘经济发展与环境质量之间关系的库兹涅茨曲线理论可知，经济发展与环境质量之间可能存在倒U形的曲线关系。对经济发展与农村水环境污染之间关系的定性分析表明，经济发展对农村水环境污染的影响既有恶化效应又有改善效应，在经济发展的不同阶段，农村水环境污染相应地呈现出"低水平污染—污染加剧—污染改善"的特点。经济发展与农村水环境污染之间的这一特殊关系与环境库兹涅茨曲线理论非常相似，在这里将构建一个经济发展与农村水环境污染关系的理论模型，从理论分析的角度探索环境库兹涅茨曲线关系在经济发展与农村水环境污染之间的存在性。参考Munasinghe 的研究，基于以下假设在成本效益分析的原理上构建经济发展与农村水环境污染的理论模型。

假设 3.1：经济是完全竞争的，农户与社会的生产成本和收益是相同的。

假设 3.2：农村水环境是一种资源禀赋，同时用于消费和生产。

假设 3.3：作为消费品，人们对优质农村水环境的偏好随收入的增加而递增。

农村居民作为理性经济人以追求利润最大化为目标，其利益取决于农村水环境有效资源和收入水平（代表其他所有的商品和服务等），成本则受农村水环境消耗量和收入的影响，农村居民利润最大化的行为可以用函数模型表达如下：

$$\text{Max } \pi = R(\text{WE} - \text{WP}, Y) - C(\text{WP}, Y) \tag{3.1}$$

其中，π 为农村居民追求的利润；R 和 C 分别为农村居民的利益与成本；WE 为农村水环境资源；WP 为农村水环境污染量；Y 为人均收入水平。

在任何给定的人均收入水平（$Y = Y^*$）处，个体都会追寻利润最大化，在该最大化点处有边际收入等于边际成本，从方程（3.1）中可以得出一阶边际条件：

$$\text{MR} - \text{MC} = 0 \tag{3.2}$$

其中，$\text{MR} = -\dfrac{\partial R}{\partial \text{WP}}$，$\text{MC} = \dfrac{\partial C}{\partial \text{WP}}$，由假设 3.3 可知且有 $\dfrac{\partial R}{\partial \text{WP}} < 0$，$\dfrac{\partial C}{\partial \text{WP}} > 0$。

假设人均收入水平 Y 由均衡点（E^*，Y^*）稍向外移，则有

$$(\text{MR}_Y - \text{MC}_Y)dY + (\text{MR}_{\text{WP}} - \text{MC}_{\text{WP}})d\text{WP} = 0 \tag{3.3}$$

其中，$\text{MR}_i = \partial R / \partial i$，$\text{MC}_i = \partial C / \partial i$，$i = Y$，WP。

将 MR_i 和 MC_i 代入式（3.3），令 $m = \dfrac{d\text{WP}}{dY}$，则

$$m = \frac{d\text{WP}}{dY} = \frac{\text{MR}_Y - \text{MC}_Y}{\text{MC}_{\text{WP}} - \text{MR}_{\text{WP}}}$$

如果 $m > 0$，则农村水环境污染量会随着人均收入水平的增加而增加，因为 $\text{MC}_{\text{WP}} > 0$，$\text{MR}_{\text{WP}} < 0$，所以 $\text{MC}_{\text{WP}} - \text{MR}_{\text{WP}} > 0$，$m$ 的符号最终取决于 $\text{MR}_Y - \text{MC}_Y$ 的值。

对 MR_Y 和 MR_{WP} 的符号进行分析判断。对于 MR_Y 而言，根据假设 3.3 农村居民随着收入的增加对农村水环境的需求和支付意愿都会增加，会有 $\text{MR}_Y > 0$。而

且随着收入的增加，人们更加追求优质的农村水环境，支付意愿和支付能力都有所增强，MR_Y 向右上方移动的速度会加快，因此有 $MR_{YY}>0$。对于 MC_Y 而言，路径较为多变，分三个阶段来看，在经济发展的初级阶段，收入很低，农村水环境也未受到较大的破坏，仍处于自然的丰富状态，低水平的收入增长给农村水环境带来的负担相对很小，MC_Y 也相对很小，此时 $MR_Y>MC_Y>0$；随着经济度过初级阶段进入快速发展期，对农村水环境的消耗骤增，污染排放也显著增加，但又缺乏有效的知识和技术来进行改善，这时会有 $MC_Y>MR_Y>0$；最后，经济发展到后工业阶段时，一方面农村居民素质和技术水平提高了，另一方面资源密集型和高污染的生产生活方式退化，环保型生产生活方式逐渐居于主流地位，因此农村水环境保护的边际成本不会再随收入的增加而增加，反而会有所减少，这时会有 $MR_Y>MC_Y>0$，且 $MC_{YY}<0$。

综上所述，一开始时，$MR_Y - MC_Y>0$，$m>0$，说明农村水环境污染量与收入之间呈正向变化，农村水环境随收入增长而污染加剧；当 MC_Y 逐渐超过 MR_Y 时，m 由正向负转化，此时农村水环境迎来了向改善变化的拐点；最后当 $MR_Y - MC_Y>0$，$m>0$ 时，农村水环境污染量与收入之间呈负向变化，农村水环境随收入增长得到治理改善。由上述过程可以推导出农村水环境污染与收入之间的倒 U 形曲线关系。

三、主要经济发展特征与农村水环境污染效应分析

世界银行的报告《2020 年的中国》中指出，环境污染的三个原因是经济增长、工业化和城市化。这三个原因都与农村的经济发展紧密相关，可以利用经济增长、工业化和城市化三个主要的经济发展特征变量来研究经济发展与农村水环境污染之间的关系。

（一）经济增长与农村水环境污染

经济增长是经济发展最具代表性的特征变量，通常经济增长仅指社会生产商品或劳务数量的增加。从这一特点出发，经济增长主要是表征经济发展过程中，单纯的经济总量的增加。在经济增长处于低水平的阶段，生产力不发达，技术落后，社会生产的商品和劳务数量较少，所需的原材料、供养劳动力所需的生活资料也较少，因而不会对农村水资源、农产品、土地等资源形成掠夺占用，农业虽然是这一时期经济增长的支柱，但由于仍然采用传统的耕作方式，化肥农药等消耗较少，且耕地、水等资源充足，给农村水环境带来的污染很少。在经济快速增长时期，社会生产的商品和劳务数量飞速增加，原材料需求、劳

动力生活资料需求也急剧增长，开始掠夺占用水、农产品、土地等农村资源，且现代化耕作方式逐渐在农业中推广，化肥农药的使用等不断增加，对农村水环境的污染日益加剧。在经济增长到一个足够大的量时，一方面技术水平随生产力的提高而进步，另一方面经济增长的诉求逐渐弱化，人们开始追求数量以外的质量，对农村资源掠夺减缓，对农村水环境的治理将达到一个新的阶段，因而农村水环境污染程度有望改善。就我国的具体情况而言，如图 3.1 所示，1978～2013 年，我国的经济增长逐渐加快，经济总量逐年提升，而农村水环境污染程度也在逐渐增加。

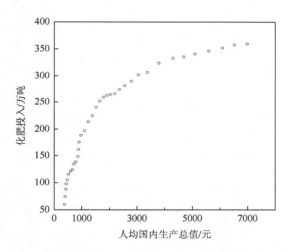

图 3.1　1978～2013 年我国经济增长与农村水环境污染程度

注：图中经济增长以人均国内生产总值表示，农村水环境污染程度以化肥投入密度表示

资料来源：中经网数据库

（二）工业化与农村水环境污染

作为经济发展的另一个特征变量，工业化侧重于产业结构的变化，主要指制造业和服务业逐渐取代农业的过程进展，表征了经济发展带来的质的变化。在工业化较低的初始时期，农业占据主导地位，因为其以传统的耕作方式为主，所以农业生产虽低效但对农村水环境不会造成较大的污染，而且工业制造业和服务业尚不发达，工业污染物相对较少。在工业化中期，制造业和服务业快速发展，工业制造业在国民经济中取代农业成为主导产业，工业生产急速增加，排放的工业污染物也骤然增加，大量工业污染物在农村地区产生或者由城市转移到农村地区，农业退居二线，社会配置给其的资源减少，但对农业产品的需求有增无减，因而农业生产也走上一条追求高产而大量使用农药化肥等的道路，在此期间，农村水

环境污染随之更为严重。到了工业化后期，服务业、制造业和农业之间的更替已经完成，工业部门的作用较之上一个阶段有所减弱，且经过长时间的改进，绿色生产技术得到推广，来自工业部门的废物排放随之减少，农业部门也逐渐采用循环农业等亲环境的生产方式，对农村水环境污染会起到一定的改善作用。就我国而言，如图 3.2 所示，1978～2013 年，工业化进程不断加快，农村水环境污染程度也在不断上升。

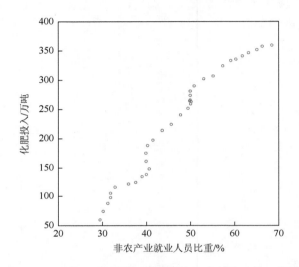

图 3.2　1978～2013 年我国工业化程度与农村水环境污染程度

注：图中工业化程度以非农产业就业人员比重表示，农村水环境污染程度以化肥投入密度表示

资料来源：中经网数据库

（三）城市化与农村水环境污染

城市化是经济发展的又一特征，城市化从表面看是农村人口变为城市人口，实质上也涉及生产生活方式、人口素质等的变化。在城市化发展的前期，农村相对较为闭塞，与城市之间的交流较少，不会发生大规模的城市废弃物的转嫁，虽然农村人口较多，但以传统的方式生活，产生的废弃物容易降解，毒性作用小，因而对农村水环境污染不大。随着城市化进入发展中期，城市开始进一步拓展，打破了原有的城乡边界，占用农村资源，城市人口增加，产生的污染物质开始向农村地区转移，且农村生活方式受到城市化的影响，产生的废弃物难以降解，对农村水体造成污染。虽然这时农村居民收入有所改善，但人口素质整体有待提高，环保意识不强，增加收入仍然是最重要的，环保投资不高，故农村水环境污染逐渐增加。在城市化进入后期时，城乡之间处于一个相对平衡的状态，经济较为发

达，农村居民收入显著提高，人口素质随着教育文化水平的提高而上升，开始与城市居民一样推崇绿色环保的生活方式，关注包括农村水环境在内的生存环境，环保意识增强，社会对农村水环境智力的投入显著增加，因而农村水环境污染会得到有效遏制和改进。在我国，近年来城镇化趋势愈演愈烈，如图 3.3 所示，同样以化肥投入密度作为农村水环境污染的代表型因素，可见农村水环境污染也更加严重。

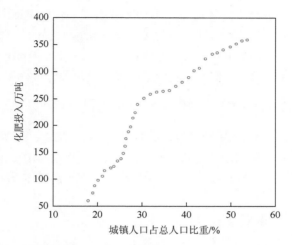

图 3.3　1978～2013 年我国城镇化率与农村水环境污染程度

注：图中城镇化率以城镇人口占总人口比重表示，农村水环境污染程度以化肥投入密度表示
资料来源：中经网数据库

四、经济发展与农村水环境污染关系的实证检验

前面的理论分析和数理模型推导说明农村水环境污染与经济发展之间在理论上是存在倒 U 形的环境库兹涅茨曲线关系的，然而理论的推导最终还是要用经验数据来加以验证。因此，这里将以环境库兹涅茨曲线理论的一般模型为基础设定计量模型，基于前面测定的中国农村水环境污染数据和 1993～2013 年中国的其他相关数据进行实证检验，进一步求证农村水环境污染与经济发展之间的关系。

（一）模型设定

环境库兹涅茨曲线假说的验证大多以环境质量指标作为因变量，以人均收入指标作为自变量来拟合方程。基本的环境库兹涅茨曲线计量模型常表示如下：

$$E_{it} = \alpha + \beta_1 Y_{it} + \beta_2 Y_{it}^2 + \beta_3 Z_{it} + \varepsilon_{it} \qquad (3.4)$$

其中，E_{it} 为国家或地区 i 在时刻 t 所受到的环境压力变量；Y_{it} 为国家或地区 i 在时刻 t 的经济产出变量；Z_{it} 为控制变量；α、β_1、β_2、β_3 分别为参数；ε_{it} 为误差项。

在环境库兹涅茨曲线理论一般模型的基础上，本书选取前面测算的总氮、总磷和化学需氧量这三种主要的水环境污染物作为农村水环境污染的环境变量，选取第一产业总产值作为农村经济增长变量。此外，由于政治权力和财富的不平等是环境退化的重要原因（Boyce，1994），城乡收入不平等、农业比重逐渐降低是我国重要的经济特征，农业生产资料的价格等相关信息会影响农民的生产决策，加入收入差距（income difference，ID）、农业经济比重（agricultural proportion，AP）、价格变化（price change，PC）作为控制变量，最终设定的计量模型如下：

$$E_{it} = \beta_0 + \beta_1 Y_{it} + \beta_2 Y_{it}^2 + \beta_3 \text{ID}_{it} + \beta_4 \text{AP}_{it} + \beta_5 \text{PC}_{it} + \mu_{it} \qquad (3.5)$$

其中，E_{it} 为地区 i 在第 t 年的农村水环境污染指标（总氮、总磷和化学需氧量的产生量）；Y_{it} 为地区 i 在第 t 年的第一产业总产值；ID_{it}、AP_{it}、PC_{it} 分别为地区 i 在第 t 年的收入差距、农业经济比重和价格变化；$\beta_0 \sim \beta_5$ 为参数；μ_{it} 为误差项。

（二）变量说明与数据来源

本书采用中国 1993～2013 年的有关数据进行实证检验，对模型所涉及的各变量，总氮、总磷和化学需氧量的产生量数值来源于前面的测算结果，第一产业总产值（Y）数据直接来源于国家统计局网站。控制变量中，收入差距用城市居民人均可支配收入与农村居民人均纯收入的比值表示，农业经济比重用各地农业生产总值占地区总产值的比重表示，价格变化用农业生产资料价格指数来衡量，各指标数据来源于历年的《中国农业年鉴》和国家统计局网站。在数据处理中，因为重庆直辖发生在 1997 年，研究起始于 1993 年，所以将其与四川省的数据合并。此外，对涉及价值的指标数据都换算为以 1990 年为基期的可比价格，对个别缺失值采用线性趋势法进行了处理。

（三）模型估计与结果分析

面板数据既能很好地反映个体之间的差异，又能刻画个体的动态变化，较多的观测数据还能提高计量估计的有效性。因此这里利用我国 1993～2013 年的省级面板数据来进行模型的检验。根据样本数据性质的不同，面板数据模型分为固定效应模型和随机效应模型，因而在进行面板数据模型估计之前，必须先通过检验确定模型的类别，这一步骤通常采用 Hausman 检验进行判断。根据检验结果对以总氮、总磷和化学需氧量为因变量的各个方程在 Stata12.0 软件中进行回归估计，得到的实证结果如表 3.3 所示。

表 3.3　模型回归估计结果

变量	总氮	总磷	化学需氧量
Y	0.008 16*** （0.001 27）	0.001 78*** （0.000 239）	0.012 1** （0.005 16）
Y^2	−0.000 001 10*** （0.000 000 392）	−0.000 000 131* （7.52×10⁻⁸）	−0.000 004 14*** （0.000 001 60）
ID	−0.470* （0.250）	−0.094 1* （0.048 6）	−3.089*** （1.017）
AP	−0.098 2** （0.039 3）	−0.023 3*** （0.007 65）	0.336** （0.160）
PC	−0.528 （0.355）	−0.177*** （0.068 5）	3.689** （1.442）
常数项	18.18*** （1.059）	3.064*** （0.290）	50.56*** （4.308）
R-SQ	0.356	0.477	0.339
Hausman 模型选择	固定效应	随机效应	固定效应
F 值	138.25		88.16
Wald 值	—	518.76	—
曲线形状	倒 U 形	倒 U 形	倒 U 形
第一产业总产值拐点/亿元	3 709.09	6 787.79	1 461.35

*、**、***分别表示在 10%、5%、1%的水平上显著
注：括号中为标准差

检验结果表明，以农村水环境污染物总氮、总磷和化学需氧量为因变量的方程模型中，二次项 Y^2 的系数都为负，且都至少在 10%的水平上显著，说明农村水环境污染物总氮、总磷和化学需氧量与第一产业总产值之间存在倒 U 形曲线关系，拟合图形如图 3.4～图 3.6 所示，即随着第一产业总产值的发展，农村的水环境污染物总氮、总磷和化学需氧量在初期会随着第一产业总产值的增加而增加，当农村经济水平发展到一定的程度时，农村水环境污染物的量将随着第一产业总产值的继续增长而减少。这意味着在农村水环境领域，经典的环境库兹涅茨曲线理论也具有一定的适用性，农村水环境污染与农村经济增长之间具有类似环境库兹涅茨曲线的先上升后下降的倒 U 形关系，与柯高峰和李妙颜（2012）等的研究相佐证。

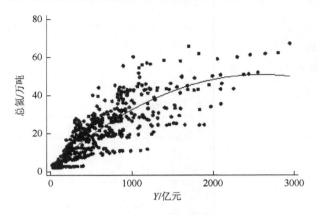

图 3.4　总氮回归模型拟合曲线

　　进一步计算三个回归方程的拐点可知，总氮、总磷、化学需氧量与第一产业总产值之间关系的转折点分别出现在第一产业总产值为 3709.09 亿元、6787.79 亿元和 1461.35 亿元的临界值处。根据我国各省第一产业总产值的数据来看，2013 年第一产业总产值最高的省份是山东省，为 3174.46 亿元，可见全国各省均未达到总氮、总磷与第一产业总产值关系曲线的转折点，仍处于曲线的左侧。就化学需氧量而言，全国 30 个省份中，有山东、河南、四川等 10 个省份已经越过化学需氧量与第一产业总产值倒 U 形曲线的拐点，但仍有 20 个省份尚处于曲线的左侧。以上情况说明尽管我国有少部分省份在农村水环境化学需氧量污染上已经呈现出下降趋势，但总体来看，我国农村水环境污染与农村经济增长正处于同向增长的阶段，未来随着农村经济的进一步增长，农村水环境污染将面临进一步加剧的趋势。

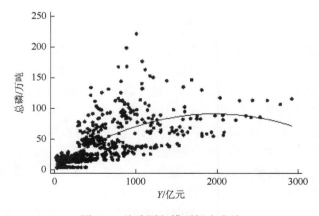

图 3.5　总磷回归模型拟合曲线

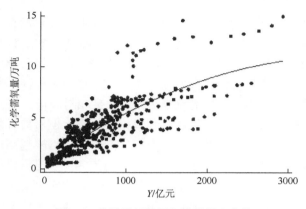

图 3.6　化学需氧量回归模型拟合曲线

　　此外，城乡收入差距的系数在三个回归方程中都为负数且显著，说明城乡收入差距与农村水环境污染之间呈负相关关系。事实上，关于收入差距对环境污染影响的研究尚未有统一的结论，虽然一些学者（杜江和罗珺，2013）经研究认为收入差距与环境污染之间呈正向的相关关系，即收入差距加大会刺激污染物质的排放从而加重环境破坏。但是也有学者持相反的观点，例如，Magnani 研究发现高收入国家不平等与公众的环保意识呈负相关关系，Heerink 等指出降低收入不平等程度至少在短期和中期会加重环境质量破坏程度。本书的研究结果与后一种观点一致。农村居民的支出习惯受到很多因素的影响，在收入差距缩小、农民收入增加之后，他们面临着许许多多的支出选择，如扩大生产规模、投资乡镇企业、提高家庭生活质量等，这些选择所得的收益要远大于拿出一部分收入来治理环境所能获得的回报，理性经济人的特质以及环境治理的外部性特征都决定了农村居民很难把增加的收入用来治理环境，相反地，他们扩大生产、投资乡镇企业等行为可能会给农村水环境带来更大的负担。此外，城乡收入差距的缩小也会导致一些农村劳动力的回流，带来更多的农村生活污染。因此，在中短期内，城乡收入差距缩小对农村水环境污染的正向拉动作用较难体现，负向影响关系可能更加明显，只有经过长期的调整，农村居民收入达到一定的高度之后，城乡收入差距缩小的环境改善效应才能逐渐发挥出来。

　　农业经济比重在各回归方程中都显著，但与总氮和总磷污染之间呈负相关关系，而与化学需氧量污染之间呈正相关关系。1993～2012 年，我国农业经济比重从 14.81%下降为 3.37%，与此同时，农村水环境总氮污染从 468.39 万吨上升为 652.27 万吨，总磷污染从 75.29 万吨上升为 115.68 万吨，但是化学需氧量污染从 1327.64 万吨下降为 1033.81 万吨。这主要是因为农业是基础部门，人口生存对农产品的需求不会改变，这意味着随着农业经济比重的降低，单位面积土地所承担的生产压力随之增加，因而只有通过加大包括农药化肥在内的生产资料投入来增加产出满足社会的生产生活需要，在农业技术、环境治理等没有同步跟进的情况下，不可避免地会加剧农村水环境污染，尤其是主要来自农业种植和禽畜养殖的总氮、总磷污染。农村水环境化学需氧量污染主要来自乡镇工业废水排放，随着农业经济比重降低、工业经济比重增加，工业技术在不断提高，同时对工业污染的治理也在日益增强，因而化学需氧量污染反而会相对降低。

生产资料价格也与总氮和总磷污染呈负相关关系，但对前者影响并不显著，与化学需氧量污染呈正相关关系。说明农业生产资料的价格越高，农村水环境的总氮和总磷污染相对越少，而化学需氧量污染则越多。农村居民在进行生产活动时往往会考虑生产成本，农业生产资料价格显然会影响农民的生产决定。总氮和总磷污染主要来源于农业种植和禽畜养殖，而化学需氧量主要来源于乡镇工业，农业生产资料价格的上升会阻碍农业种植和禽畜养殖的生产活动，转而使农村生产更多地转向乡镇工业。

（四）经济发展与农村水环境污染的关系评价

环境库兹涅茨曲线理论是研究环境质量与收入之间关系的经典命题，这里将其引入农村水环境污染与农村经济增长关系的研究中，基于基本的环境库兹涅茨曲线模型构建计量方程，利用 1993～2013 年中国的省级面板数据，对农村水环境污染与农村经济增长之间的关系进行了实证检验，研究结果表明：

（1）农村水环境污染物总氮、总磷和化学需氧量与农村经济增长之间存在与环境库兹涅茨曲线相类似的倒 U 形曲线关系，环境库兹涅茨曲线理论在农村水环境领域有一定的适用性。目前我国绝大多数省份还没有达到农村水环境污染与农村经济增长关系的转折点，未来农村水环境污染还将进一步加剧。

（2）城乡收入差距的缩小在短期内无法起到改善农村水环境的作用，反而会加剧其污染程度；农业经济比重的降低会加剧农村水环境的总氮和总磷污染，但有利于减少化学需氧量污染；以农业生产资料价格提高为代表的农业生产成本的增加有利于遏制农村水环境的总氮和总磷污染，但同时会加剧化学需氧量污染。

五、本章小结

农村水环境污染是整个经济系统运行的产物，从实质上来说，污染是经济发展与农村水环境保护之间矛盾的外在表现。本章首先梳理了经济发展与农村水环境污染的相关理论，并对两者之间的内在联系进行了理论探讨，其次通过数理模型推导发现两者之间在理论上具有环境库兹涅茨曲线关系，最后利用前面测算的

1993～2013 年农村水环境污染数据和其他经济数据对这种关系进行了实证检验。主要结论如下。

（1）在经济发展的不同阶段，由于产业结构、人口结构和社会需求结构的不同，农村水环境污染也会对应地呈现不同的特征，在经济发展由低级到中级再到高级的过程中，农村水环境会经历由污染较少到加剧直至逼近承载力极限最后到污染改善的过程。

（2）经济发展对农村水环境污染存在恶化效应，同时也存在改善效应，恶化效应体现在经济发展掠夺农业生产资料和产品促进化肥农药等污染物的使用、改变农村消费习惯使难以降解的毒害大的污染物增加、推动工业化加剧城市污染转嫁这三个方面，改善效应体现在经济发展提供治理环境的物质技术支撑和激发环境保护需求这两个方面。在经济发展的不同阶段，恶化效应和改善效应的强弱不尽相同。

（3）无论是数理模型的推导还是计量模型的实证检验都表明，经济发展与农村水环境污染之间存在倒 U 形的环境库兹涅茨曲线关系，环境库兹涅茨曲线理论在农村水环境领域有一定的适用性。目前我国绝大多数省份还没有达到农村水环境污染与农村经济增长关系的转折点，未来农村水环境污染还将进一步加剧。

参 考 文 献

阿明 S. 2000. 不平等的发展[M]. 高铦，译. 北京：商务印书馆.

杜江，罗珺. 2013. 农业经济增长与污染性要素投入——基于简约式及结构式模型的实证分析[J]. 经济评论，（3）：56-65.

胡佛 E M. 1975. 区域经济学导论[M]. 王翼龙，译. 北京：商务印书馆.

柯高峰，李妙颜. 2012. 经济发展方式与农村水环境的关系研究——基于中国化肥 EKC 的扩展检验[J]. 科技创业月刊，（6）：25-27.

李海鹏. 2007. 中国农业面源污染的经济分析与政策研究[D]. 武汉：华中农业大学.

李斯特. 1961. 政治经济学的国民体系[M]. 陈万煦，译. 北京：商务印书馆.

罗斯托 W W. 1962. 经济成长的阶段[M]. 国际关系研究所编译室，译. 北京：商务印书馆.

Adelman. 1961. Theories Economic Growth Development[M]. Stanford，California：Stanford University Press.

Boyce J K. 1994. Inequality as a cause of environmental degradation[J]. Ecological Economics，11（3）：169-178.

Gillis M，Dwight H，Michael R，et al. 1987. Economics of Development[M]. New York：W. W. Norton& Company.

Grossman G，Krueger A. 1991. Economic growth and the environment[J]. Quarterly Journal of Economies，110（2）：353-377.

Panayotou T. 1993. Empirical Tests and Policy Analysis of Environmental Degradation at Different Stages of Economic Development[Z]. Working Paper WP238 Technology and Employment Program，International Labor of office，Geneva.

第四章　农村水环境污染的微观经济机理

　　破解农村水环境污染难题需要明确水环境污染微观主体的行为对环境污染的影响，水环境污染的微观主体包括农户以及企业，对于农户而言，影响其消费以及农业生产的根本动机在于其自身利益最大化。具体而言，农户家庭消费所产生的生活垃圾肆意堆放，生活污水随意排放，以及在国家对农业生产加大政策补贴的背景之下，农户对于农药、农膜以及化肥等农业生产要素的投入严重超标，对其农村水环境保护意识提出了新的要求。乡镇工业的规模小、技术水平较低，很难通过使用自留资金对工业生产污水进行处理，是农村水环境点源污染的主要来源。接下来，从微观的视角，对农民环保意识、农民生产行为、农民消费行为以及企业生产行为的农村水环境污染效应进行具体探讨。

一、农民环境意识的农村水环境污染效应

（一）环境教育与环境意识提高

　　环境保护意识的匮乏直接导致对于资源的不合理利用以及生态的严重破坏行为，提高人民的环境保护意识，是解决环境问题，实现经济发展与环境保护和谐互动的关键。环境保护意识并不是一蹴而就的，而是在人类与自然关系的不断激化与矛盾中逐渐累积形成的，是一种发自内心的、内生的规范个别行为的深层次的意识形态，这也就意味着，环境保护意识的形成依赖持续而稳定的环境保护知识的普及教育。环境教育对于提高个体的环境保护意识意义重大，其通过引导受教育者不断关注身边的、区域性的以及全球范围内的环境污染与生态破坏问题，激发个体对于环境保护生态价值观的认知与加深理解，帮助受教育者获得正确的处理人与社会、人与自然关系的良好技能与方法，并最终使得环境保护意识成为引导个体环境保护行动的关键依据。

　　早在 20 世纪 70 年代，国际自然及自然资源保护联盟（International Union for Conservation of Nature，IUCN）就对环境教育的概念进行了基本的定义：环境教育是一个认识价值、弄清概念的过程，根本目的是发展一定的技能以及价值观。对于理解与鉴别人类、文化和生物物理环境之间的内在关系而言，技术与态度却又是必需的基本的手段。环境教育促使人们对环境问题的行为准则做出决策。这

就昭示了受教育水平较高的人往往对于环境保护有更多的认识，也较为关注，并且有更大的能力以及资源在更高层次水平上参与环境保护的进程。之所以要花大气力进行水环境污染的治理，主要是因为人们对于环境与生态的存在价值有了新的认识，经济学上一般将环境蕴涵的经济价值、社会价值以及生态价值合并称为环境总价值。清晰界定环境总价值可以为农村水环境治理与保护提供坚实的理论基础。

（二）环境教育与环境意识有利于消除信息不对称

对于环境保护尤其是对于农村环保采取的措施而言，往往因为农民教育程度低、缺乏环境保护基本的理论认知等导致信息不对称和政策失灵，而且乡镇企业、城市化以及城市工业污染的转移也就难以引起农民与政府决策者的注意，公民参与意识远不能满足环境保护的基本要求。即使在《中华人民共和国水污染防治法》（简称《水污染防治法》）以及《中华人民共和国环境保护法》（简称《环境保护法》）中对于公民参与环保行动有了清晰的法律界定，但遗憾的是，农民环境保护意识的匮乏使其缺乏保护自身周边环境的激励，而且法律条文的原则性以及缺乏实际的操作性也影响了公众参与环境保护工作的效果。在环境保护意识较强的西方国家，公众参与环境保护的主动意识较强，一般愿意主动向政府申请环境保护投资与企业污染的相关信息，并据此做出利于自身经济活动安排的决策。而在我国，环境信息的公布职能由政府承担，公众对于获取企业以及国家环境保护信息的欲望不强烈。

环境信息公开制度建设的重要前提就是公众通过环境保护意识的增强，而从自身的权利意识转变为自发的维权行动。随着环境信息公开制度的不断完善，公众也将会有更多的渠道以及更广的范围对环境信息进行充分的把握，对于环境保护意义重大。近些年我国环境教育的广度以及深度都有了很大程度的提高，公众参与环境保护的积极性不断加强。对于广袤的农村而言，随着《环境保护法》的不断推广，人们的环境保护法律意识不断增强，知法、懂法以及用法水平得到了明显的改善，公众参与环境保护的能力也得到了加强。综合以上分析不难发现，环境教育对于公众的环境保护意识的形成促进作用明显，而且面临着广大农村人口受教育水平低、法律意识淡薄的现实，能够有效地避免在环境保护政策落实过程中暴力不合法的情况。

（三）农村环境保护意识缺乏的现状分析

农民接受环境保护教育、培养环境保护意识是防治农村环境污染的关键推动力，农民出于生产最优化的考虑，并不能意识到过量使用农药、农膜以及化肥对于农村水环境的污染，而且也缺乏必要的监管以及约束，因而没有避免过量使用农业生产要素的激励；而且，因为农民普遍接受教育不足，缺乏进行有效防止环境污染的技术手段，进而难以采取有效的方式控制污染。从上面的分析不难发现，最有效的培养公众环境保护意识的方式就是有效地开展环境保护教育，而我国在环境保护教育尤其是农村环境保护教育的开展工作相当滞后，根据相关部门的数据，在近 20 年仅仅有不到 20%的家庭曾经得到过农业技术培训、施肥培训等。大部分人对农药对土壤、生态环境以及农村水环境造成的危害一无所知，而且化肥的销售包装上也缺乏强制规范标准，缺乏对化肥的使用如何有效降低环境污染的指导。农民缺乏环境保护意识，除了农村环境保护教育普及力度不够，政府的农业补贴政策也激励农民过度使用化肥而导致农村环境污染加重。

此外，公民对于环境污染的知情权也远远不足，主要是因为我国长时间以来对于环境污染的推行力度不足，普通民众对于环境污染带来的生态破坏以及对于健康的不良影响视而不见，所以造成了环境污染治理公共参与不足、缺乏公共知情权的后果。虽然现行法律中已经规定了任何单位和个人都有义务保护水环境，并有权对水环境损害行为进行检举。但法律仅仅只是规定了公民具有向司法机关进行检举的权利，并没有对居民享有清洁环境权以及受害补偿权进行相应的规定。而且法律也没有向民众公布污染信息检举的途径、渠道以及程序，缺乏可操作性。我国关于环境方面的法律法规大多都是计划经济时代指定的，具有强烈的行政主导的成分，这就导致政府在制定法律的过程中并不能完全站在广大民众的利益角度进行考虑，法律难以体现对公众的权益的有效保护。

一般来说，农村居民受教育水平不高，对环境方面的基本常识和污染问题大体上处于无知或者缺乏认知的状况，这就导致了城市污染更容易转嫁到农村地区，对农村水环境是巨大的威胁。农村水环境污染问题是人们对水资源的不规范和破坏性的开发所导致的，这与公众缺乏环境保护意识密切相关。所以，农村居民的环境保护意识关系着农村地区水环境资源的合理开发，环境保护意识的提升则与经济发展、受教育程度和环境保护管理模式息息相关。根据国家各地区间发展不平衡的实际状况，可以发现我国公民特别是农村地区的公民大体是在低级无意识、高级无意识、潜意识这三阶段。由此可见，若农村居民的环境保护及水环境保护意识不能增强，则农村水环境污染问题便很难得到根本的解决。

二、农民生产行为的农村水环境污染效应

（一）农民生产对水环境利用低效率的经济分析

1. 农民生产者农业污染成本外部性分析

农村水环境具有公共物品的属性，因此农民在进行农业生产的过程中很少

考虑农药和化肥的过度使用对环境的污染与破坏，这就造成了水环境污染的外部性问题。外部性问题的本质便是理应由农户承担的污染成本转移到了社会，从而使社会总成本大于私人成本，社会资源配置不能达到最优化，如图 4.1 所示，横轴 Q 代表农业水环境污染物排放水平，其与排放污染物的生产规模息息相关，纵轴中的 B 与 C 分别代表收益与成本，曲线 MR 为边际收益，可以作出私人与社会生产的边际收益相等的阶段。而对于分别代表农业生产边际私人成本的 MC 以及边际社会成本的 MSC 曲线而言，农业生产导致的水环境污染成本 MEC 便为两者的差，也就是 MEC 等于 MSC 与 MC 的差值。农户和社会生产实现最优的条件就是边际收益等于边际成本，也就是边际收益曲线 MR 与边际社会成本曲线 MSC、边际私人成本曲线 MC 相交时，农民实现利益最大化的最优生产水环境污染程度 Q_1 比社会最优生产时污染程度 Q^* 要大。也就是说农村水环境公共物品所引致的环境污染负外部性导致农民的过量生产行为，而过量生产的数值是以水环境污染为代价的。这就导致了农业污染的不断加剧，农业水环境污染的成本也逐渐转嫁到社会治理之中，违背了农业可持续发展的基本原则与目标。

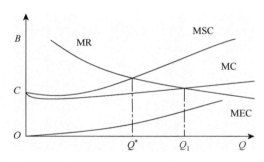

图 4.1　农村水环境污染成本外部性分析

2. 农户生产农业环境利用低效率分析

农村水环境产权界定不明晰，就会导致对于水环境利用的搭便车行为，导致公地悲剧。产权界定模糊最直接的后果就是地方政府或集体拥有了对于水环境的直接产权，而且随着农村经济市场化进程的不断加快，农村环境稀缺性越来越强，地方政府为维系自己在地方资源的独占权，往往会出台一系列有利于自身的政策，造成农业水环境控制权主体化分割，出现了巴泽尔所说的"福利攫取"的情况，意味着私人实际上拥有了对于公共资源的控制与使用权。在这种情况之下，农户将会无节制消费农业环境，用低效率的资源利用换来严重的环境污染，而且地方政府并没有出台相应的规范政策，农业环境污染急剧恶化。在农业环境恶化之后，为维持原有的农业生产水平，农户将变本加厉投入更多的农药、化肥等农业生产要素，带来更加严重的农业环境污染，形成恶性循环。如图 4.2 所示，在资源价格未能市场化被严重低估的时候，农户边际成本记为 MC_1，边际收益记为 MR_1，产品产量记为 Q_1，在地方政府提高农产品价格来激励农户农业生产的时候，包括提高农资价格和提高地租水平，就会导致农民农业生产私人成本的增加，边际成本从 MC_1 提高到 MC_2，边际收益也从 MR_1 提高到了 MR_2，就会刺激农产品产量的进一步提升，从 Q_1 提升到 Q_2，大多数受价格激励的农民将会在维系自身利益水平的前提下提高农业生产要素的利用效率，农业环境污染的治理空间依然较大。

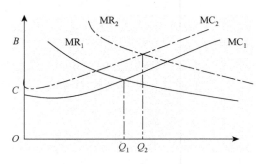

图 4.2   农户生产农业环境利用低效率分析

（二）优化农民行为是改善农村环境的出发点

家庭联产承包责任制在很大程度上解放了农村生产力，使得农民成了农村经济结构中最为基本的生产单位，掌握了农业生产中最基本的农业生产要素。对于农业人口占比超过 70% 的中国而言，农民作为最主要的农业生产组织，掌握着绝大部分的农业资源，因此农民的经营行为直接影响农业可持续发展的状态。以农民生产为农业基本生产单位的农村生产环境决定了农业可持续发展的大环境。首先，农民既享有农村资源与环境的所有权，又是农村环境资源的消费主导力量，农民的行为决定了其是否能够有效利用农村环境以及是否秉持可持续发展理念保护环境。农业化肥、农药、农膜的滥用往往导致水污染、土地污染以及农地退化等，农民行为不仅决定了农村农业生产的要素利用效率，更决定了农村环境机能的整体健康性。其次，农民生产行为造成农村环境污染日趋严重。据统计，中国占全球不到 1/10 的土地，氮肥的使用量超过全球的 30%，而低下的农业生产技术使得氮肥利用效率极低，每年 2000 多万吨氮肥从农田流出，引发水环境污染以及土地环境污染等环境问题。农民自身的生产导向以及短视行为是导致农业生产污染严重的直接原因，优化农民行为是改善农业生产环境、实现农业可持续发展的根本之道。

为有效保护农村环境，在组织、策划以及规划我国农业可持续发展路径的时候应该充分意识到农民这一生产主体。这关乎农业可持续发展规划的圆满完成，更重要的是关乎到农民本身的切身利益，对于解决"三农"问题意义重大。农民的经济行为是农业环境系统的出发点，决定了农业资源、农业环境的利用与保护情况，因此有必要从微观的农民行为入手，考察农民经济行为对于水环境污染的基本现实，为解决相关问题做基本尝试。

（三）农民生产行为导致水环境污染效应优化分析

下面将从农民生产目标、农民土地经营以及农民经营组织与农村水环境污染的关系分析入手，梳理农村环境污染的微观机理，将其作为影响农村水环境面源污染的内部因素，进一步引入影响农民生产的外部政策因素，探讨农业政策背景下农业生产行为对水环境面源污染的影响。

1. 农民生产目标与水环境污染

农业生产目标是农民从事农业活动的出发点以及落脚点，探求农民从事农业活动的动机有利于解决因此而产生的农业效率提高、农业产业结构调整以及农村环境污染等一系列问题。农民生产目标存在不同的学术流派，组织生产流派认为农民农业生产的根本目的在于满足家庭内部需求，而不是以市场利益最大化作为基本导向，在小农生产意识的支配下，农民生产大多权衡家庭产品需求与自身劳力付出的平衡，而非农业投入成本与投入利润的平衡。随着市场经济的不断发展，农业经济发展出现了产业化、组织化以及市场化的基本特征，以舒尔茨为代表的理性行为学派认为，农村市场化程度越来越高，农民生产决策与企业生产无异，在农民理性思考行为的支持下，农民将会竭力追求自身生产收益最大化，使得要素投入边际成本维持在价格水平之上。20世纪80年代，为促进工业发展而实施的工农业价格剪刀差，为支援城市工业建设而源源不断输入廉价农业产品作为生产资料，极大地损害了农民的利益，农业生产效率以及农药、化肥、农膜等过度投入得不到重视。历史流派综合上述两种理论，认为即便是农业存在边际报酬递减的情况，农业生产也不会停滞，因为农业规模化经营不足，大量的农村剩余劳动力并没有边际报酬的概念，劳动机会成本基本可以忽略。

农业水环境具有正外部性，除了能够促进粮食、水果以及蔬菜的生长，还具有净化空气、调节气候、维护生态多样性以及提供休闲娱乐的重要功能。因此，可以以湿地生态系统为例对农民生产目标的水环境污染机理进行分析。将农田生产的农业模式划分为农田环境保护型以及农田环境破坏型，农田环境保护型包括保护生态农业以及生态退耕，农田环境破坏型包括集约农耕以及农田权利与土地流转。随着农田质量的不断改善，其边际环境服务价值曲线根据边际收益递减规律将会向右下方倾斜，而农田水环境的边际经济价值曲线将会向左下方倾斜，曲线的交点处更倾向于选用环境恶化型的农田利用模式。在农产品价格平稳、生产资料价格不变以及农业生产技术平稳的基础之上，政府的农业补贴政策以及惩罚性措施将会迫使农民考虑农业生产的生态价值以及社会价值，事实上农田生态系统的经济价值占比理论上非常小。此外，农田利用边际环境服务价值正外部性明显，农民出于对公众环境利益的考量将会使得农田边际生态服务价值提高，其与农民边际经济收益曲线相交之处代表了社会农业生产的最优状态，与农民私人利益考量的状态相比，生态环境得到明显改善，农民农田利用将会倾向于采用农田环境保护型的基本模式。

2. 农民土地经营与水环境污染

家庭联产承包责任制的推广在一定的历史条件下解放了劳动生产力，大大促进了农业生产效率的提高。随着市场经济的不断发展以及农业技术的进步，农村家庭联产承包责任制的分割化、低效率以及劳动力短缺的问题日益凸显。农业经营缺乏集聚化、规模化以及标准化的产业化发展路径，导致农村环境的急剧恶化。首先，零散化的农业经营模式不利于利用农业机械化发展以及技术变革，农业生产依然处在传统的小农生产的模式之中，生产效率低下。缺乏科学的田间管理思维对于农业生产环境保护影响很大，科学的田间管理既要求通过利用现代农业技术提高农业生产效率，也要求通过提升农业生产加大对农田环境的保护，实现农业可持续发展的路径。其次，土地分割化使得农民不能够根据土壤的不同情况针对性地使用化肥以及农药，导致化肥、农膜以及农药的过度使用，影响了土地的生态活性，造成了水环境的严重污染。最后，土地零散化经营让农民更加重视土地的精耕细作，农民处于理性意识中的最大化利润的考量，一方面积极在农田水体之间的滩涂地、山坡以及水域开垦农地，另一方面，在有限的土地上过度使用农药化肥，造成了严重的农业水环境污染。调查发现，氮元素在岸边植被带的截留率为 89%，远远高于农田截留率的 8%。

3. 农业经营组织与水环境污染

农业经营组织的多样化导致农业水环境污染的差异性，调查显示，农户独立从事蔬菜种植的化肥污染负荷指数是规模化、集约化以及有组织生产的 3～16 倍。农户独立生产农产品是规模化生产使用化肥负荷指数的 3 倍。据此可以得出，多元化的农业组织经营方式决定了农村环境污染的差异性，究其原因如下：首先，"政府+农户""农户+龙头企业+银行+中介组织"的经营模式能够有效地解决信息不对称问题，降低农民生产的道德风险以及逆向选择等问题，能够优化资源的配置，降低农业生产要素的不合理利用。农民也能够在政府以及企业的帮助下更好地了解市场供需信息的变化，通过合理预期配置作物种类、面积，实现农药化肥的合理利用。其次，稳定的中介组织给农民带来了合理的收入预期，能够有效地弱化农户生产的短视效应，促进农业长效可持续发展。最后，农民独自进入市场很难受到社会的监督，容易忽视农产品本身的质量问题，出现所谓的"柠檬市场"。农民生产产品的质量的界定需要花费高昂的成本，设置专门的监督管理部门需要巨额的社会成本，绿色产品具有典型的公共物品属性，农业生产者与消费者之间的信息不对称极易导致消费者逆向选择以及产品生产者的道德风险问题，农民不愿意花费较高的成本改善自身的农业经营行为，轻视农药化肥使用的污染效应。而对于有政府以及中介组织参与的农业组织化经营而言，有效地降低了农业生产的监督成本，通过市场价格实现农产品的价格质量的统一，促使农民重视农业产品的质量，降低农村水环境污染效应的进一步扩大。

4. 农业政策与水环境污染

除了影响农业生产污染行为的内部因素如农民生产目标、土地经营与生产组织，扭曲农产品以及花费农药投入品价格的政府政策也对改变农民的生产行为有重大影响，导致政府失灵。从我国农产品流通体制改革进程来看，农业保护政策主要包括最低粮食收购价政策、粮食直接补贴政策、农资增支补贴政策，以及基于生态环境保护的生态退耕政策。最低粮食收购价政策是指在重点粮食品种价格下跌时，为了维持农民种植的积极性，国家授权中国储备粮管理总公司（以下简称中储粮）以及地方粮食储备公司按最低保护价的方式收购粮食主产区的粮食，抑制农产品市场竞争中的价格形成，对农民粮食种植进行保护。粮食直接补贴政策的出发点在于，若放开粮食等基本农产品的市场流通，促使农产品自由竞争，农民将会遭受市场风险的考验，不利于农民形成良好的价格预期，种粮积极性也就大为削弱，粮食直接补贴政策保障种粮农民获得一定利益，从而增加农民种粮的主动性。农资增支补贴政策是考虑到柴油、化肥以及农药等生产资料价格变化对农民的影响而出台的惠农政策。生态退耕政策是指国家为了保护植被、恢复生态而实施的生态建设工程，实现了从毁林开荒到退耕还林的重大思路转换。

从农业政策造成环境污染的几种途径来看，第一，政策—农户生产结构—环境污染模式。政府政策改变了农产品的价格，减少了农产品生产的边际成本，促进农民进行农业产业结构调整，在政府政策的引导下进行作物种植结构的调整，不同的作物具有不同的污染效应，政策通过农民生产结构的调整影响农民生产对环境的污染效应。第二，政策—农户生产方式—环境污染模式。政府政策改变农产品生产价格，或者提高了一定生产要素的边际成本，影响了农民对于资源的配置方式，农民对于不同生产要素的使用进行权衡对比。例如，有机肥价格虽然高于农家肥，在政府补贴的帮助下，农民有利用高效率的有机肥生产的冲动。第三，政策—农业生产技术—环境污染模式。政府通过变化生产产品的价格，使得农民更改农业技术采纳行为，化肥、农膜以及农药是物化的农业技术，导致了环境的污染，如图 4.3 所示。

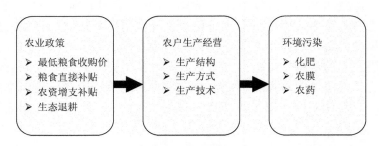

图 4.3　农业政策影响农村环境污染的模式

三、农民消费行为的农村水环境污染效应

（一）农村生活消费对水环境污染分析

随着农村经济的不断发展，农民的生活水平有了很大的提高，消费结构日趋多元化，更多的家庭有能力承担包括冰箱、空调以及洗衣机的耐用品消费，与此同时农民家庭消费所产生的生活垃圾污染构成了非点源农村水环境污染的主体，农村居民生活污水排放量逐步上升。从世界经济发展的一般趋势来看，经济增长与农村水资源配额的利用几乎呈现高度正相关关系，生活用水配额的增加必然带来生活污水排放的无节制。在农村，因为缺乏必要的污水净化与处理设备，生活污水基本上都是直接排放到就近水体，据环境保护部统计，全国农村生活污水总量已经达到了 94 亿吨，若按人均生活污水排放量为 40 千克计算，2013 年农村居民人口 67 414 万，农村居民污水排放污染总量已经接近 3000 万吨，农村居民生活污水对环境污染逐渐加剧，生活水平的进一步提高势必会带来新一轮更严重的农村环境污染。

除了生活污水对水体的直接污染，农村生活垃圾污染等间接威胁水环境的隐患不断增大，生活固体废弃物因为数量巨大而且再利用的比例较低导致严重的农村水环境间接污染。农村生活垃圾包括农村居民在日常生活过程中产生的炉灰、渣土、人畜粪便（不包括大规模工业化养殖场粪便）、厨余废物、废旧电器、园艺废物、商品包装、扔掉的生活用品等废弃物。按照循环经济理论，农村生活垃圾中，大部分都是宝贵的资源。现代农村生活垃圾的主要成因有以下几点。

（1）农业产业的分化。随着农村工业化、机械化、专业化的实现，原来种养一体化的农业生产分化成为互相独立的种植业和养殖业。对于从事种植业的农户而言，农作物的副产品和厨余垃圾不可能再作为良好的饲料；也因为种植业生产规模的扩大和化肥的广泛使用，人畜粪便也失去了作为种植业"物美价廉"肥料的优势，无法直接进入农业生产领域，所以成为农村水环境污染源之一。

（2）农民生活方式的改变。现代化使得消费与生产分离，农民卖出原料买回商品，消费品中工业制成品的比例大大增加。大多数工业制成品又存在过度包装问题。有些包装材料虽然可以再利用，是宝贵的再生资源，但是存在着价值低、体积大、回收困难等问题，如废旧塑料袋；有些包装材料还存在着分量重、回收经济性差的缺点，如废旧玻璃制品。绝大多数包装材料在家庭中无法再利用，转而成为生活垃圾。

（3）农民收入水平的提高。研究表明，人均垃圾日产量与国民收入和人均工资收入有密切的相关性。国民收入每增加 100 元，人均年垃圾产量增加 4.8 千克；人均年工资增长 100 元，人均年垃圾产量增加 15.1 千克。随着收入的增加，人均消费品商品数量会越来越多。不但食品制成品的消费量大幅度增加，衣物、耐用消费品的更新速度也越来越快，而且直接进行淘汰，增加了生活垃圾的产生量。

粗略的数据显示，国家生活垃圾日产量接近 100 万吨，绝大部分生活垃圾得不到有效的处理，尤其是在农村，生活垃圾一般通过掩埋、直接丢弃以及焚烧等方式处理，造成了严重的水体、土壤以及大气污染。农村生活垃圾的肆意丢弃以及露天摆放不仅占用了大量的土地，还可能造成病毒的传播，对人体的健康造成极大的威胁，此外还可能渗透到地底下影响地下饮用水的安全。

农村生活垃圾对农村水环境产生很大的影响，具体如下。

（1）生活垃圾对环境的破坏集中体现在三个方面。一是生活垃圾腐败产生的恶臭污染空气，影响健康和心情；二是大量滋生苍蝇、蚊子、老鼠等以垃圾为食物来源的生物，长期可能造成生态失衡，出现生态问题甚至生态灾难；三是塑料袋随风飘散，使得农村到处显得脏乱，对环境的破坏很大。

（2）对水体的污染。对填埋场地进行土壤及地下水水质污染检测发现，填埋场地附近地下水均受到不同程度的污染，地下水全部为较差或极差，且下游地下水污染明显比上游严重，个别地方细菌超标几十倍，成为癌症和传染病的主要致病因素。

（3）对耕地的损害。生活垃圾对耕地的损害主要来自两个方面。一是填埋和倾倒垃圾占用土地。每万人一年产生的垃圾，采用卫生填埋的方法处理，需要 2 亩（1 亩≈666.67 平方米）土地。二是不可降解的塑料地膜和有害垃圾的污染。对耕地造成污染的有害生活垃圾主要是电池、体温计、日光灯等含有重金属的废弃日常生活用品。由于化学和物理反应，有害物质渗出产生新的有害物质。土地一旦被重金属污染，要治理会变得非常困难，而且成本十分高昂。

随着农村经济的不断发展以及人们生活状况的改善，农村废水以及生活垃圾排放日益增长，而且化肥以及农药的过度使用也是导致土壤污染、进而通过渗透影响水体污染的重要原因。传统的农业生产中的秸秆等固体废弃物利用率低下，腐败蔬菜、秸秆以及生活固体垃圾在雨水的冲刷之下渗透入地下。另外，中国农村将垃圾扔到沿湖的习惯，产生更加直接的污染。

（二）农村生活垃圾制度的建立与水环境优化分析

农村家庭消费对水环境的污染包括直接的污水排放和间接的生活垃圾渗透等。积极完善农村生活垃圾制度是改善农民消费行为的污染效应最有效的方式。在处理农村生活垃圾方面缺乏现成的法律法规，给其治理造成了很大的难题，所以应该从法律着手，健全相应的法律制度，有效治理农村生活垃圾对农村水环境的污染。

源头控制、集中处理以及生态补偿是实现生活垃圾高效处理的基本模式。首先应该从源头控制，降低垃圾排放量。最关键的就是需要通过加强农村环境教育，增强居民的环境保护意识，自觉主动减少生活垃圾的排放量，建立生活消费垃圾分类制度，实施片区垃圾治理责任化制度。具体分类：一是将瓜果皮、草木灰等分拣，进行就地沤肥处理，不但减少了垃圾的处理难度，而且可以节约肥料费用；二是将一些纸质可再生利用资源变卖；三是将塑料袋、电池等不可回收利用的垃圾统一转移处理。其次，转变垃圾处理理念，探索新型农村垃圾处理模式。传统的垃圾大都是直接丢弃，经过雨水冲刷，有害物质渗入地下水体，造成农村环境的污染，可以由财政补贴建立专门的垃圾处理集中地，通过集中处理最大限度降低水环境的污染。最后，建立农民补偿机制。积极探索农民生态补偿是实现社会公平与正义的重要方式，实现真正意义上的环境公平。对于农村生活垃圾的处理资金应该由地方财政负责支出，为带动农民进行垃圾处理、消除垃圾处理的负外部性，政府应该对参与垃圾处理的人进行补贴，通过控制垃圾污染的形式净化农村水环境。

虽然实施源头控制、集中处理以及生态补偿是实现农村高效处理垃圾的主要模式，但由于农村垃圾处理涉及面宽、系统性强、难度大，还需要着重从以下方面加强。

（1）宣传教育提高认识。农村水环境问题和垃圾问题的产生，本身就有政策失效原因，所以解决这些问题，还需要利用非经济手段，即把环境伦理教育作为调整人与自然关系的重要力量，让人们认识到人与自然的和谐是社会和谐的基础。推行农村垃圾源头控制、分类处理需要每一户农民的积极支持，也需要农村各级干部的认真组织。这就需要农村的广大干部群众都能够提高认识。因此，抓好宣传教育，提高干部群众的思想认识是做好工作的前提。农村各级党政组织要充分利用各种宣传媒体，广泛宣传推行农村生活垃圾源头分类的重要性。要结合我国生态环境的严峻形势，树立忧患意识；宣传垃圾分类的知识和综合利用的途径，提高干部群众的技术素质。

（2）城乡统筹制度保证。政策、法律、法规的引导与规范是实现农村生活垃圾源头控制、集中处理的有力手段。这些法律法规必须是城市农村全覆盖，从城乡统筹的高度制定政策，加强法制建设。一是规范性，从实现垃圾减量化的角度，必须制定包装法，规定包装标准，禁止超豪华包装。二是强制性，对大量的饮料瓶等，厂家必须回收，以及未经批准的一次性商品不能销售等。三是引申性，对农村推行净菜上市的给予奖励，工业品种采用包装回收资源循环利用的，税收上给予照顾。在资金投放上，也要城乡统筹，逐步加大对农村环境建设和垃圾处理方面的投入。垃圾处理属于公共事业，应该由政府解决，可以按人口预算包干使用。

（3）科学规划循环经济。按照发展循环经济的理念，农村生活垃圾是一种有待开发利用的宝贵资源，要在做好源头控制的基础上，认真研究户、村、乡镇、区县四个层面综合利用的途径。农户是资源消费和垃圾产生的最小单位，也是垃圾源头控制和资源化利用的基础力量。有条件的地区，要大力发展沼气，使农民生活产生的厨余垃圾和粪尿转化为清洁能源，沼渣、沼液作为发展庭院种植的肥料。家庭范围内没有条件建沼气池的，可以在村一级统一规划利用。另外，渣土、炉灰等也可以在村级用于造肥、造地。一般情况下，乡镇以下应该利用垃圾量的90%以上。危险垃圾和医疗垃圾等国家在处理上有特殊规定的垃圾，应该由区县统一处理和利用。但是，尽量不要采用传统的填埋和焚烧方法。总的原则应该是垃圾在下一级尽可能得到利用，可以减少转移处理的成本。而可再生垃圾要全市统一建设回收网络，由专业队伍进行二次分类，实现增值和合理利用。

（4）建立机制持续发展。吸收国内外推行垃圾分类的经验教训，农村要实现源头分类控制和资源化利用，必须建立两个机制。一是农民的广泛参与机制。没有农民的广泛参与是无法实现源头分类控制的。因此不能简单套用城市收垃圾费的做法，要改收费为奖励。不但不收钱，还奖励，达到标准每月每户奖励相当价值的日用品，农民就能够积极参与。二是市场机制。主要是垃圾分类、收集、运输，以及可回收垃圾的收购等，可以引进市场机制，经营权招标。

四、企业生产行为的农村水环境污染效应

乡镇工业生产及城市工业企业生产的污染转移是企业生产行为污染农村水环境的两个源头。从乡镇工业生产污染的角度来看，20 世纪 80 年代，乡镇企业异军突起，在增量改革政策中发挥了重要的作用，促进了农业产业结构的调整以及优化，但是乡镇工业的粗放型的发展模式、落后的技术与生产工艺以及零散分割化的经营对农村水环境造成了不良的影响。乡镇工业污染中的化学需氧量、粉尘以及固体废弃物排放量在我国的比重中超过一半。乡镇工业具有点源污染和面源污染的双重特性，乡镇工业发展吸纳了农村剩余劳动力，拓展了农民的就业范围，提高了农民的收益，但也伴随着严重的环境污染问题。因为信息不对称，政府对于农户的监管成本巨大，不利于环境保护体系的完善与建设。从城市工业企业生产的污染转移来看，城市工业发展突飞猛进，经历了一个长时间的野蛮生长，在过去以环境为代价换取工业增长的情况下，工业生产带来的废气污染、废水污染和固体废弃物污染情况不容乐观。一方面城市工业企业生产带来的污染数量庞大，另一方面城市的环境消纳能力是有限的，而且城市人口聚集，对环境污染的容忍能力相对更低，在这种矛盾下，城市累积起来的污染只能打开口子，向周边的农村地区转移，增加了农村水环境进一步污染的威胁。

五、本章小结

农村水环境污染归根到底是由人的行为直接导致的，研究农村水环境污染的问题同样必须研究它与微观主体行为之间的联系，洞察在污染背后的微观机理。本章站在微观主体的角度，对农民环保意识、农民消费行为、农民生产行为以及企业生产行为的农村水环境污染效应进行具体探讨，得到的基本结论如下。

（1）环境教育有利于消除环境建设过程中的信息不对称，激发农村居民的环境意识，而环境意识的提高能够助力环境保护政策的贯彻落实，促使农村居民关注自己的环境保护权益，这些都有利于农村水环境污染的防护。而我国农村居民的环境教育和环境知情权都较为缺乏，农村居民的环境保护意识还有待提高，加强环境教育、强化农村居民的农村水环境保护意识是未来防治污染的关键。

（2）农民生产目标、土地经营、生产组织和政府补贴政策等因素都会影响农户的生产行为，由于农村水环境具有公共物品的属性，污染成本可以外部化，农户对水环境的利用往往是低效的，农户自身的生产导向以及短视行为是导致农业生产污染严重的直接原因，优化农户行为是改善农业生产环境，实现农业可持续发展的根本之道。

（3）农户家庭消费主要以直接的污水排放和间接的生活垃圾渗透两种方式对农村水环境造成威胁，完善污水处理设施、健全农村生活垃圾制度是改善农户消费行为污染效应的最有效的方法。

（4）乡镇工业的生产行为和城市工业企业生产活动带来的污染转移也是农村水环境污染的重要来源，其背后反映的是监管困难和监管机制的缺失，以及工业生产一方面拉动经济发展，另一方面带来环境污染之间的冲突。

参 考 文 献

蔡增珍. 2011. 中国农业面源污染的经济学研究[D]. 武汉：中南民族大学.

陈喜红, 姚运先, 谢煜. 2006. 我国农村环境问题的经济学分析及解决途径[A]//湖南省科学技术协会. 湖南建设社会主义新农村论坛优秀论文集[C]. 湖南省科学技术协会：5.

杜江, 罗珺. 2013. 我国农业面源污染的经济成因透析[J]. 中国农业资源与区划，(4)：22-27, 42.

葛继红, 周曙东. 2011. 农业面源污染的经济影响因素分析——基于 1978~2009 年的江苏省数据[J]. 中国农村经济，(5)：72-81.

李蓓蓓. 2005. 农村环境污染的原因及治理对策分析[J]. 西安财经学院学报，1：60-63.

李海鹏. 2007. 中国农业面源污染的经济分析与政策研究[D]. 武汉：华中农业大学.

李远. 王晓霞, 2005. 我国农业面源污染的环境管理：背景及演变[J]. 环境保护，4：23-27.

林超文, 庞良玉. 2009. 施肥对我国农业面源污染的影响与对策建议[J]. 安徽农业科学，35：17668-17670.

任军, 边秀芝, 郭金瑞, 等. 2010. 我国农业面源污染的现状与对策Ⅰ.农业面源污染的现状及成因[J]. 吉林农业科学，(2)：48-52.

任军, 郭金瑞, 闫孝贡, 等. 2011. 我国农业面源污染的现状与对策Ⅱ.农业面源污染的防控对策[J]. 吉林农业科学，(6)：55-58.

吴波. 2008. 农村环境污染的现状、原因以及治理对策[J]. 科技风，24：47-48.

邢娇阳. 2012. 我国农业面源污染的治理对策研究[J]. 经济研究导刊，(5)：112-113.

袁园. 2014. 农村环境污染现状及治理对策分析[J]. 绿色科技，2：205-207.

张健. 2006. 二元社会结构下的乡村环境污染问题分析[D]. 长春：吉林大学.

赵永宏, 邓祥征, 战金艳, 等. 2010. 我国农业面源污染的现状与控制技术研究[J]. 安徽农业科学，(5)：2548-2552.

第五章 农村水环境污染的制度因素分析

从制度的渊源来看，社会学上的制度包含理念系统、规范系统、组织系统以及设备系统四个维度。理念系统是对制度价值导向的界定，对制度运行的目标进行限制；规范系统为目标的实现提供可实践的参考程序；组织系统通过完善的组织架构为目标的实现提供效率；设备系统为目标的实现提供必要的人力、物力以及设备资源。经济学上的制度分析发轫于科斯（Coase，1937）对于交易成本的论述，科斯新制度经济学的要义在于通过产权制度的明确实现资源的优化配置，在继供给需求、一般均衡之后，制度研究成为新古典经济学第三大理论研究工具。本章将从新制度经济学的视角说明农村水环境污染的公共物品属性和产权制度，探讨农村水环境污染背后的制度因素。

一、农村水环境的公共物品理论与外部性理论

（一）公共物品理论

1. 公共物品概念及福利分析

按照排他性与竞争性两个维度，可以将物品分为公共物品、俱乐部物品、公共资源以及私人物品。非排他性是指个体对于物品的行使并不影响别人的行使权利，非竞争性是指个体对物品的行使并不会增加别人行使的边际成本。从这个角度而言，水环境是典型的公共物品，因为一方面个人对于水环境容量范围内的行使并不会影响其他人的行使，增一个单位的边际成本为零；另一方面，水环境公共物品的消费不具有独占性，并不为个体所有，而是为整个社会共同所有，个体的消费并不排除其他人从中获益，在技术上无法排除那些不愿为消费公共物品而付费的人的搭便车行为。从而水环境公共物品便因为非排他性以及非竞争性对物品储蓄的投资不足而导致了低效的过度消费，每个人凭借着过度消耗资源的动机对不具有专有权的物品过度消费，产生了公地悲剧，排他性的所有权的缺失导致资源的过度消耗以及经济浪费。从此角度而言，外部性成为了公共物品最为典型的特征之一：个体并不会考虑使用公共物品的社会成本，在逐利的过程中，个体消耗公共物品的私人成本也比较低，就导致经济主体加大资源的使用力度，使得个体决策与社会决策不一致。

水环境公共物品属性导致经济主体过量消费的福利损失，如图 5.1 所示，边

际社会收益（marginal social benefit，MSB）是个体需求水平加总，在边际社会收益等于边际社会成本（MSC）条件下（MSC = MSB），产生了有效消费量 Q_0。在每个人都只考虑个体私人边际成本（marginal private cost，MPC）条件下，若边际社会成本又个体均摊，则个体边际私人成本就等于社会平均成本（average social cost，ASC），则会出现均衡消费量 Q_{OA}，比有效水平 Q_0 要大。面积 abc 意味着过量消费所带来的社会福利损失。总而言之，环境污染公共失灵的根本就在于，个体追求边际私人成本等于边际社会收益，产生了过度消费的低效效果，导致社会剩余的损失。

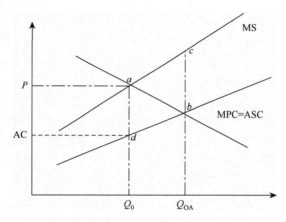

图 5.1 水环境公共物品福利损失分析

2. 水环境公共物品产权

环境公共物品的分析不能够忽视产权界定问题，对于水环境而言，包括大气、土壤以及自然生态，虽然具有名义上的国家所有者，但从实际操作来看，个体处于理性判断而对缺乏实际所有权的环境进行过度消费，导致污水横流、垃圾遍地，造成环境利用的公地悲剧。环境公共物品的外部性以及因此而产生的社会福利损失一般通过政府管制、征税以及补贴的方式进行矫正，而科斯基于环境公共物品的竞争性利用的客观属性，引入法律上的"产权"概念而尝试解决公地悲剧与搭便车难题，开辟了公共物品产权分析的新领域，认为从社会产值的比较而言，无法对根本对立的收费或者补贴政策进行可靠的取舍。如果不考虑产权配置的财富分配，公共物品产权的配置应该遵循帕累托最优原则。产权界定是解决公共物品过度消费以及福利损失的根本。在不存在交易成本的条件下，产权的清晰界定有利于资源的优化配置，实现帕累托最优；而现实生活经济活动充满摩擦，交易成本必然大于零，此时，实现资源的有效配置，一个有效的措施就是通过谈判与协调对产权进行合理界定。

（二）外部性理论

1. 外部性概念与福利分析

外部性概念来源于马歇尔（1964）在《经济学原理》一书中对于"内部经济"以及"外部经济"的划分，指出，任何一种货物生产规模扩大的经济分为两种：一是依赖于该工业发达的经济外溢，称为外部经济；二是来自于行业内部个别企业的组织以及经营效率的经济，称为内部经济。此后，庇古（2006）通过对外部经济中边际私人纯产值和边际社会纯产值的差异性的关注，引申出了外部性问题，从而将外部不可控因素或变量引入到生产函数及消费函数中，为经济主体不通过市场交易而相互影响提供了一般的分析工具。外部性体现在经济主体对于其他人的经济活动影响并没有通过市场机制进行反馈，从而导致私人收益与社会收益、私人成本与社会成本的不一致性。

外部性的讨论一般只存在于公共物品领域，包括环境公共物品的供需，与竞争性的市场关系不大。包括大气污染以及水环境污染在内的负外部性比比皆是，农用化肥、农药等对于农业生产者而言体现了促使农作物增产的正外部性，而施肥造成的水环境污染却又是负外部性的典型。从福利经济学的角度而言，负外部性的产生会导致供给过剩，造成社会福利的损失。如图 5.2 所示，社会福利最大化要求边际社会成本与边际私人成本一致，均衡点应该在边际社会成本（MSC）与需求曲线相交的 Q_0 点；而农民通过过量施用化肥、农药等农业生产要素促使农业增产，产生了环境污染负外部性，其会选择边际私人成本（MPC）与需求曲线相交的 Q_e 点。此时，私人物品消费者获得的消费剩余为 $P_0 c a P_e$，生产者损失剩余为 $P_0 c d P_e$ 减去 abd。而承受了环境污染外部成本的私人福利损失 $abce$，从而社会净损失的福利为生产者与负外部性承受的福利损失和消费者福利

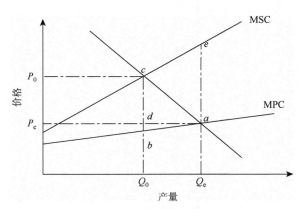

图 5.2　环境污染负外部性福利损失分析

增加的代数差，正好与过多生产而产生的福利损耗相等（从 Q_0 到 Q_e 的 MSC 和 d 之间的面积）。

2. 外部性内部化策略

外部性概念多运用于环境污染的分析，生产外部性与消费外部性是导致环境污染的重要原因，可以通过外部性内部化的手段进行资源配置的有效性处理。一方面，庇古认为外部性导致市场失灵，必须通过政府干预措施进行内部化处理。政府可以从向污染者征税或者向利益受损主体补贴的形式促使私人成本与社会成本、私人收益与社会收益相同，从而促使私人决策均衡点向社会决策均衡点靠拢。另一方面，科斯认为市场失灵只能够通过市场本身的修复解决，政府干预会带来巨大的交易成本，降低环境污染治理的效率。科斯认为，环境污染的根本原因在于环境产权的界定模糊，如果能够清晰界定产权关系，私人成本就会与社会成本趋于一致。如果市场交易费用为零，那么产权的归属不论出于什么状态都可以经过市场交易实现资源的优化配置，而现实生活中交易费用不为零，市场摩擦带来的交易成本无法忽视，在这种情况之下，产权的明晰与清晰界定却又是必要的。当然，科斯或许并没有考虑到，在信息不对称的条件之下，交易主体的复杂以及数量巨大所带来的交易成本导致无法通过市场手段进行资源的有效配置，此时政府的干预政策却又是必要的。

二、农村水环境污染的市场失灵

新古典经济学认为，通过市场机制在消费者之间进行产品的交换，以及在生产者之间进行生产要素的分配能够实现帕累托最优，提高社会福利水平。市场机制作用的发挥需要一系列严格的假设条件予以保障，包括完全竞争市场假设、信息完全、完全理性假设、规模报酬不变以及零交易费用等，然而现实却并不能够满足诸如此类的假设条件，这就使市场在价格工具的作用下会导致资源配置的扭曲与低效，而出现"市场失灵"情况。

（一）水环境公共属性

农村水环境作为生产资源与消费资源的统一体，是农民赖以生存的自然与经济条件，任何人对于农村水环境的消费并不会增加其他人消费的边际成本，而且也不能将其他人在水环境消费中排除，农业水环境具有非排他性和非竞争性，是典型的公共物品。产权的清晰界定是实现公共物品外部性内部化的重要经济手段，但农村水环境总体而言缺乏清晰的产权界定，农民为提高农业生产而过度使用农药、农膜以及化肥等农业生产要素，造成了农村水环境的严重污染及农村水环境消费的搭便车状况。农村水环境作为准公共物品，理性农业生产者大都会为改善农业生产条件以及提高农业产量而忽视水环境污染，造成对水环境严重污染的行为，工业企业污染、城市转移污染以及集约化畜禽污染等点源污染非常普遍（孟雪靖，2007）。当农民意识到即便自身对公共物品的水环境不消费而其他人也会无节制消费时，每个人便有了加速消费的激励，导致的集体行动就是水环境污染行为，产生了对于水环境污染的公地悲剧。此外，水环境的非排他性又会导致农村水环境污染的搭便车行为，进一步加剧了污染效应。

（二）水环境外部性

农村水环境作为生态系统的重要组成部分，具有能够缓解干旱、分解降解废弃物、维持营养物质循环以及给人以美学享受的正外部性。然而随着工业化进程的加快，农村环境系统功能日渐退化，再加上更多的人并不能因享受水环境的正外部性而进行水环境的补偿行为，而且也不愿意主动承担环境保护的责任，农业生态环境功能不堪重负。另外，农业水环境污染负外部性体现在农民进行农业生产的私人成本低于社会总成本，农民并不需要承担更多的环境保护责任，因而农民就存在过度使用农药、农膜以及化肥进行农业生产的激励，造成水环境的严重污染。随着现代农业技术的不断进步，农业经营朝规模化、标准化以及集约化的方向发展，农民合作组织不断发展，农业产业化水平日趋提升，农民为增加作物产量，对农业生产要素的依赖性也越来越强。

（三）信息不对称

对于农业生产者而言，其一般掌握着农业生产技术、生产过程以及农业污染情况的信息优势，其对于污染的情况的了解要多于受污染农产品的消费者，但为了实现自身利益最大化，其将会通过隐瞒污染信息而实施污染行为，产生道德风险问题。另外，受污染农产品的消费者也会因为对农产品信息的不知情而产生逆向选择难题。即便是农业生产者与农产品消费者具有足够的技术支撑而了解更多的农业信息，也会承担巨大的社会成本。对于政府而言，很多公共政策是在信息不完全的条件下做出的，政府搜寻信息需要付出巨大的成本，而且农民因为素质水平低而无法掌握农业高科技，地方政府也无法对地方治理信息进行充分把握，难以明晰地方治理方案给社会公众带来的收益与成本，而且大部分时候政府信息会受到利益集团的左右。信息不对称会导致农民与政府决策的双重不理性，一方面农民在对水环境缺乏足够的科学认识之前，为了本代人的物质水平的提升，出于非理性行为，依然会采取污染环境的行为；另一方面，基于不可能定理，政府在决策信息传递、搜集、加工以及处理的过程中，信息失真以及信息不完全都会导致政府政策失误，导致环境污染情况加深（苏新莉，2003）。总而言之，信息不对称使农业生产者产生水环境污染的道德风险，导致农产品消费者产生逆向选择的风险，使政府也无法基于完备的信息做出有效的决策，造成农民与政府决策的非理性。

三、农村水环境污染的政府失灵

（一）激励约束机制不健全

公共部门的垄断地位使其在缺乏竞争对手的条件下维持低效率的运行，因为政府信用背书，公共部门可以通过征税、信用贷款以及发行地方债的形式扩张信用，补偿低效率运行带来的损失，而并不需要担心在竞争中一败涂地。而且，考虑到如果政府精简结构，提高办事效率，其所获得的巨大收益又会属于全体公民，并不利于自身利益最大化。与此同时，因为存在信息不对称，公共办事机构活动也很难被有效监督，而更多的时候，普通民众有着更多的对于农村水环境污染的信息，监督者有很大的可能性会被被监督者所左右，从而在农村水环境保护上出现两大难题：一是政府缺乏环境治理的投入动力；二是存在着公共部门的巨额公共支出（冯健，2005）。政府缺乏环境保护的激励以及有效的监督机制，也缺乏有效的信息发布平台，导致政策失灵问题日趋严重。

（二）地方政府短视行为——城乡二元政策的根源

唯国内生产总值考核的绩效论在很大程度上激励了地方政府的短期行为，在我国政治体制改革依然处于初级改革时期，地方政府为了谋求自身升迁的政治资本而往往只注重眼前的利益，对于因为经济增长而带来的严重的环境污染置若罔闻。地方政府缺少经济协调发展的观念，一味重视国内生产总值的增长，忽视了提高技术内生在经济增长中的地位，更不用提与环境保护政策协调的可持续发展理念。环境保护事业具有长期性、复杂性，而地方政府往往只追求自身短期任期内的绩效考核，对于与经济增长无关的环境保护政策往往相互推诿，将环境保护责任推到下一届政府或者中央政府（陈喜红等，2007）。农村水环境的改善不仅需要巨大的经济投入，而且效益不如发展房地产以及搞绿化工程看得见、摸得着。因此，在这种背景之下，地方政府为追求短期利益往往会将环境保护政策在城市而非农村实施，这是环境保护城乡二元政策的根源。

（三）农业政策与环境管理政策失灵

政府农业补贴政策意味着环境资源使用的私人成本与社会成本并不相等，导致政府不能够将公共物品有效配置给消费者，价格保护与农业补贴破坏了农产品的市场机制，激励农民大量投入包括化肥、农膜以及农药在内的农业生产要素，农民失去了传统的精耕细作的冲动，而是通过使用大量的化肥及农药促进农产品的增收，农业补贴政策将会对环境产生很大的负向效应。从政府对于农村环境的管理来看，首先，环境保护管理部门监督作用难以有效发挥，地方政府缺乏环境保护意识导致环境保护部门处于尴尬的位置，即便是如今国家提出建设"生态文明中国"的倡议，但在地方绩效考核体系不改革的前提下，环境保护政策能否有效落实依然有待观察。其次，政府对环境保护的资金支出强度不够，导致地方政府缺乏环境保护资金支持。再次，政府缺乏对农民的技术培训，农民素质水平低，环境保护意识薄弱，无法有效地利用农产品技术，在实现农产品增收的条件下实现生态农业的发展。最后，环境保护法律体系不健全，我国环境保护法律严格程度远远低于欧美，法律责任形同虚设。

四、农村水环境治理投融资与运营管理机制

根据生态文明建设的发展要求，农村水环境治理投融资与运营管理机制改革的基本思路是：引入灵活有效的市场机制，拓展多元化融资渠道，培育城市水环境治理的专业市场，通过具有水环境治理资质的专业企业提供水环境治理的服务，改善城市环境，推动土地升值和经济发展，并将治理收益部分支付给水环境治理企业，形成良性的动态经济循环。通过这种机制设计，既有助于长期有效地保护城市水环境，又能使社会资金投入到城市水环境治理这类环境保护产业中，实现经济社会的发展，完全符合"两型社会"建设的发展要求。

（一）投融资与运营管理的主要模式

目前主要的投融资体制改革实施方法有以下几种。

（1）公众融资方式。水环境保护基金，即以政府相关机构或企业共同组建水务投资公司，发行水环境治理基金，将基金融资用于投资水环境治理相关产业，获得保值增值（具体办法参考基金管理）；水专项债券，即以市政府或城市圈的名义向公众发行水专项债券，融资治理水环境（具体办法参见债券管理）；水股票或

相关企业股票，即以政府现有相关产业的投资机构组建水产业集团争取上市，通过发行股票获取资金（具体办法参见股票管理）；信托计划，即透过信托机构或信托投资公司发行信托计划融资；环境保险，即排污企业或公共个人通过购买环境责任险、环境健康险等融资，通过保险公司运作。

（2）风险投资融资方式。建立水务投资公司或就某一治理工程项目组建项目公司，引入风险投资，投资回报来源于污水处理费或者工程周边土地增值金。

（3）土地开发融资方式。"以水兴土、以土养水"。根据水环境建设需要，强化土地资源预期增值收益对水环境综合治理的支持力度，通过从土地出让金中或从滨水地区土地预期增值收益中安排治理环境的资金。同时，规划国土部门尽快将符合条件的水环境整治规划的江、河、湖、港沿线周边土地，如两江四岸延伸区域以及部分湖泊岸线周边地带等，纳入专项储备计划，土地储备部门可以优先变现因水环境的改善而产生的土地增值预期。

（4）银行贷款融资方式。除了传统的政府无息信贷资金，一是争取国家开发银行专项贷款、世界银行贷款以及外国政府长期优惠贷款支持；二是推行水环境综合整治项目个人委托贷款；三是以污水处理费等为抵押向银行贷款融资。

（5）公私合营融资方式。政府和社会资本合作（public-private partnership，PPP）模式，即公共、民营、伙伴，政府和社会资本合作的构架是：从公共事业的需求出发，利用民营资源的产业化优势，通过政府与民营企业双方合作，共同开发、投资建设，并维护运营公共事业的合作模式，即政府与民营经济在公共领域的合作伙伴关系。实际上，就是通常所说的基础设施的企业化和市场化运营。具体来说就是按照谁污染、谁治理，谁受益、谁出资的原则，制定配套政策，广泛吸纳滨水区域的企事业单位和院校资金，进行水环境综合整治，特别是一些院校，它们是有愿望出资改善水环境的，如华中农业大学，主动投资1000万元用于周边的南湖、野芷湖岸线的整治，为社会融资起到了示范作用。建设—经营—移交（build-operate-transfer，BOT）模式，即由投资方对建设项目从建设、经营、投资回报到项目整体移交的全过程管理模式。在国际上，东道国就某一特定项目向某一投资者集团授予开发、运营、管理和商业利用的特许权，然后由项目财团建立的项目公司按照与政府签订的特许协议，开发并运营该特许项目，以偿还债务并获取利益，协议期满后，项目产权移交给所在国政府。建设—经营—移交项目融资的特点是私人投资者组成项目公司，从项目所在国政府获取"特许权协议"作为项目开发和安排融资的依据。移交—经营—移交（transfer-operate-transfer，TOT）模式，即投资者以资本或资金购买某项资产的产权和经营权，在一个约定的时间内，通过对资产的经营收回全部投资并获得合理回报后，再将资产的产权和经营权无偿移交给原产权所有人。运用这种模式，产权方可以得到进一步发展所需的资金，投资者可以越过建设期，获得经济效益好的投资项目。通过移交—经营—移交模式吸引外商投资购买我国各级政府已建成的环保设施全部或部分产权和经营权，不但具有速度快、见效快、设施运营效率高等特点，而且可以回收一部分资金，用于其他环保设施项目的建设，快速提高环保设施的总量和质量，从而进一步缓解我国环保设施的"瓶颈制约"。

（二）运营管理机制改革实施方案

1. 水环境治理项目建管结合的市场化运行机制

在国家关于水环境建设项目实施"环境项目代建制"运行模式规定的基础上，建立与"代建制"相结合的城市水环境维护管理的"代管制"运行模式，构筑城市水环境维护管理的"双代制"运行模式。通过市场运作，聘请专业资质的水环境治理企业对水环境项目实施运营、维护和管理。在市场机制的作用下，这些企业将更加注重水环境治理的技术研发和维护管理制度的制定，通过挖掘自身的潜力保持市场地位，获取城市水环境治理与维护的长期收益。

2. 厂网分离水务的运营机制

推动自来水厂、污水处理厂等生产经营性企业的市场化改革进程，将生产经营性单位和管网建设维护单位分离，分别建立现代企业制度，生产经营性单位实现自我经营、自负盈亏、自我发展，管网建设维护单位由政府作为公共物品或准公共物品供给。生产经营单位和管网建设维护单位是不同的经济体，相互建立买卖关系，水费统一由管网建设维护单位代表政府收取并进行分配。

（三）预期目标

城市水环境治理涉及政府及其相关职能部门，治污企业、排污企业、城市开发企业、投资机构和居民等相关利益主体。在新机制下，他们各司其职，形成良性互动的运作系统。

（1）政府及其相关职能部门的定位是监管者，为城市水环境治理和维护提供完善的法律与政策支持，奠定良好的政策氛围与社会基础。在这种政府主导的模式下，城市水环境治理仍是政府需担负的环境保护职能，只是政府让出部分对城市水环境治理和维护的权力，通过引进专业水环境治理公司进行综合治理，利用法律法规监管水环境治理的成效，保障投资机构和水环境治理企业合理的收益。

（2）治污企业。作为进行专业治理水环境污染和进行水生态修复的微观组织，治污企业在市场机制的激励下，以更先进的技术与管理模式，在降低水环境治理与水生态修复成本、获取稳定丰厚收益的同时，为社会提供更优质的水环境服务。

（3）排污企业根据其所申请的排污许可证，限质限量排放污水。对于超额超标排放污水的企业要征收惩罚性的排污费，同时勒令其限期停产整改，到期仍未达标的排污企业予以坚决关闭。严格限定排污企业的排放行为，一方面促使其内部挖潜截污减排，另一方面可推动排污企业与专业水环境治理公司合作，加快水环境治理市场的形成，推动水环境治理与维护市场的长期发展。

（4）城市开发企业不再免费享有因水环境改善而带来的房地产升值收益，通过征收土地增值金等方式返还给水环境治理公司及相关主体，补偿水环境治理的费用，形成水环境治理公司的支柱性收入。同时，城市开发企业可为其开发楼盘建设污水处理设施，将处理过的社区内的雨水和生活废水循环利用，节省的水费则成为社区治污的收益，即形成了单个社区内部的水环境治理与维护，在更小范围内实现水环境维护管理的长效市场机制。

（5）投资机构从水环境改善所带来的土地增值、产业增长收入以及水费当中获取收益。

（6）居民一方面为享受更好的水环境支付了更高的房地产价格和生活费用，另一方面作为优质环境的消费者，必然会维护其付费的服务。利用经济手段改变居民行为模式，使其自觉保护水环境。同时，居民对于污染企业的排污行为将形成更直接、更有效、更细致的监督，并将督促政府更加有效地监督水环境治理与维护项目，保障居民权益，维护生态系统，刺激经济发展，促进社会和谐。

五、本章小结

本章从新制度经济学的角度探讨了农村水环境污染背后的原因，得出的主要结论如下。

（1）农村水环境产权无法明晰，其公共物品属性造成经济主体过量消费的福利损失，造成公地悲剧，以及信息不对称带来农业生产者污染水环境的道德风险，使农村水环境污染的市场化治理方式失灵，因此，农村水环境的防护仍然需要政府的干预。

（2）在农村水环境建设的过程中，政府缺乏环境保护的激励以及有效的监督机制，也缺乏有效的信息发布平台，加上国内生产总值至上的考核机制使政府在治理农村水环境上也无能为力，未来还需通过完善监督机制、加强信息透明度和改变考核方式等来充分发挥政府在农村水环境保护中的作用。

参 考 文 献

庇古. 2006. 福利经济学[M]. 朱泱, 等译. 北京: 商务印书馆: 146-147.

陈喜红, 姚运先, 谢煜. 2007. 我国农村环境问题的经济分析及解决途径[J]. 生态经济 (学术版), (1): 316-319.

冯健. 2005. 农村环境治理的经济学分析[D]. 杭州: 浙江大学.

马歇尔. 1964. 经济学原理[M]. 陈良璧, 译. 北京: 商务印书馆: 279-280.

孟雪靖. 2007. 农村水污染经济问题研究[D]. 哈尔滨: 东北林业大学.

苏新莉. 2003. 环境污染的经济学分析及其制度安排[D]. 北京: 中国地质大学.

Coase R H. 1937. The nature of the firm[J]. Economical New Series, 4 (16): 386-405.

第六章 农村水环境污染的政策效应

一、政策影响农村水环境污染的研究现状

农业是全面建成小康社会、实现现代化的基础。为了缓解农民增收困难、调动农民积极性、提高粮食产量，中国政府从 2000 年开始推行农业税费改革，2006 年全面取消农业税，逐步加大"两减免、三补贴"等农业财政政策的实行强度。

但是，农业税费减免和补贴等财政政策更多地关注农民的收入与种粮积极性，并没有将农业可持续发展问题考虑在内。就减免农业税、粮食直补、良种补贴和农资综合补贴这些政策来说，没有把农资施用的水环境污染外部成本内部化，反而对化肥、农药等进行补贴以控制生产资料价格保证农民买得起，从而导致对农村水环境和自然资源的掠夺性经营，农村水环境问题日益严重。据 2010 年完成的第一次全国污染源普查数据，农村排放的化学需氧量占全国的 43%，总氮占全国的 57%，总磷占全国的 67%，因此农村水环境更加需要受到关注和整治。

而随着农业补贴范围的进一步扩大，补贴方式越来越多样化，也逐步出现了一些有利于农村水环境保护的政策，如测土配方施肥补贴、苹果套袋补贴、秸秆还田补贴等技术补贴和农业保险保费补贴、新型农民培训补贴等。虽然还没有出台直接针对农村水环境污染的政策限制农业污染排放，但这些新型的农业补贴品种以间接的方式保护了农村土壤和空气质量，也逐渐引导农户和农业主管部门保护农村水环境。

综合以上两个方面，农业财政政策对农村水环境的影响并不明晰，本书将以此为研究起点，探讨农业财政政策的水环境效应。目前研究农业财政政策对农村水环境影响的文献并不多见。马爱慧和张安录（2012）通过灰色关联度定量评价了农业补贴政策的收入绩效、粮食安全和耕地保护绩效；张少兵和王雅鹏（2007）研究了美国农业补贴政策对农村耕地及生物多样性的破坏，并依据美国农业的保护保存计划和欧盟国家农业补贴政策的调整提出对我国的经验借鉴；赵勇等（2009）通过农户调查问卷分析三江平原农户对农业政策及其水环境影响的评价。大部分文献的观点是农业税免征和农业补贴会激励农民积极生产、扩张耕地和加大农药化肥使用量，从而恶化农村水环境；而钟甫宁等（2006）

选用新疆玛纳斯河流域的数据，对农业保险制度与农户农用化学要素施用行为两者的关系进行实证研究，表明鼓励农户参保并不会显著作用于农业水环境。根据现有的文献，农业财政政策的水环境效应有负有正，而农业税减免和补贴政策的最终水环境效应并不清晰，缺乏实证研究。因此，本书拟构建一个"结构—规模—技术"的理论分析框架，运用 1993～2013 年的全国省级面板数据，对农业税免征和补贴政策的水环境效应进行实证研究，以厘清农业财政政策对农村水环境的影响。

二、农业财政政策实施与改革的历史回顾

农业财政政策是通过分配和再分配手段促进解决"三农"问题的一系列政策总和，为"三农"发展提供财力保障和物质基础。早在 20 世纪 80 年代，国家财政就开征了耕地占用税，大规模实施农业综合开发，通过土地治理来增加农产品产出。国家还通过补贴生产企业的形式对化肥、农药、农用塑料薄膜、小农具、农机、柴油以及农业用电等农业生产资料按优惠价供应，1978～1993 年累计补贴额为 607.3 亿元。这些资金从形式上看是补给了企业，但实际上是农民受益。1994 年开始实行的分税制财政体制以及 1998 年开始实行的积极财政政策，都是探索建立公共财政框架并着力推进财政支出的改革，对于农业财政政策的完善产生了重大影响。支农资金总量和资金结构都进行了大幅度调整，管理机制也逐步转变为适应市场化和公共财政管理的要求。更重要的是，农业税费改革的推进和补贴力度的加大使国家与农民之间的分配关系发生了历史性变化。

21 世纪，我国进入工业反哺农业、城市支持农村的工业化中期发展阶段。我国政府明确提出形成城乡经济发展一体化的经济格局，建立以工促农、以城带乡的长效机制。农业财政政策成为贯彻落实"工业反哺农业"政策的重要手段。自2000 年起，农村税费改革正式拉开序幕。2000～2003 年是农业税费改革的第一阶段，以"费改税""并税"为主；2004 年进入第二阶段，主要目标是取消农业税。2004 年首先取消了除烟草以外的农业特产税，并开始逐步降低农业税税率，除了部分粮食主产区如吉林、黑龙江开展免征农业税改革试点，河北、内蒙古、辽宁、江苏、安徽、江西、山东、河南、湖北、湖南、四川等农业税税率下降 3%，其余省份降低 1%；至 2005 年底，有 28 个省份免征农业税；2006 年全国全面取消农业税，取消了 336 亿元的农业税赋、700 多亿元的"三提五统"和农村教育集资等，提前实现了取消农业税的目标。

2001 年中国加入世界贸易组织（World Trade Organization，WTO）之后，受

国外先进经验的启发，中国的农业补贴政策进行了重大变动。从 2002 年开始推行粮食直补和大豆良种补贴试点。2004 年粮食直补在全国范围展开，良种推广增加到大豆、小麦、水稻、玉米 4 个品种，还增加了奶牛的畜牧良种补贴，同年还安排 0.7 亿元在 66 个县实施农机具购置补贴。2006 年国家安排的粮食直补资金达 145 亿元，良种补贴规模达 40.7 亿元，2004～2006 年实施的农机具购置专项补贴共 9.7 亿元；2006 年还推出了农资综合直补，对化肥、农药、柴油等主要农业生产资料进行补贴，以弥补农民种粮的增支损失，这标志着我国已经初步确立了"两免四补"为关键部分的农业直补政策体系。

另外，中央一号文件还根据农业主要矛盾相继提出新型农业补贴，补贴范围和规模逐步增大，补贴方式日趋完善，补贴动态调整机制逐步改善。生产投入类补贴除了农机具购置补贴和农资综合补贴，2006 年还针对猪肉供应紧缩、价格上涨的情况提出生猪补贴；2007 年推行农业保险保费补贴试点，保费补贴力度日趋扩大，政策性补贴险种逐年扩张。除了传统的收入类直补和生产投入类补贴，还有一系列生产技术推广类补贴、农村发展建设类补贴、农民生活类补贴，资源和生态补贴政策相继出台。例如，生产技术推广类补贴有 2005 年开展的测土配方施肥补贴和苹果套袋技术补贴，2006 年推行的提升土壤有机质补贴，宣传稻田秸秆的还田腐熟技术；农村发展建设类补贴有农村"六小工程"建设补贴，以及 2008 年增加的小型农田水利建设补贴等；农民生活类补贴有家电下乡补贴、汽车摩托车下乡补贴等；资源和生态补贴有退耕还林补贴、退牧还草补贴、渔民转产及渔业资源保护补贴等。

经过十余年农业财政政策的实施和"三农"投资强度的扩大，中国农业和农村发展进入了新阶段。如图 6.1 所示，自 2003 年以来，粮食产量年年提高，农民收入实现较快增长，农村呈现出良好的发展局面。我们也注意到，在不断完善财政支农政策的同时，中国政府开始在发展农业的过程中注重统筹粮食增产、种植技术提升和农民生活质量，并逐渐关注农村水环境污染防治。

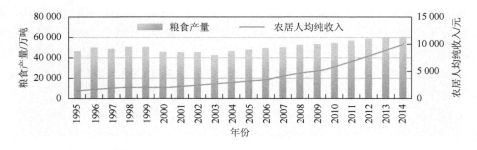

图 6.1　1995～2014 年粮食产量及农民人均纯收入

三、农业税财政政策的水环境效应机理分析

尽管农业税免征与补贴政策在中国农村取得了极大的成功，但是根据《中国农村统计年鉴 2014》的数据，目前在我国的种植生产模式下，化肥农药投入提高粮食生产能力和对粮食单产的作用率达到 30%～50%。化肥会通过地表径流、农田排水和地下淋溶等途径汇入水体造成氮、磷污染，农药残留及渗透会对土壤和水体产生化学污染。此外，农业种植中常用的农膜在使用后若不进行有效处理，残留农膜极易造成农田"白色污染"。水稻、小麦、玉米等农作物的秸秆废弃物乱堆乱放或焚烧会产生严重的水环境污染，其中农田固体废弃物是化学需氧量排放的主要来源（冉瑞平等，2011）。畜禽养殖同样给农村水环境造成污染，大牲畜和小家禽的排泄物若不进行有效处理，会污染农村土壤乃至水体环境。

由于农业生产带来了水环境污染的负外部性，直接影响农业生产行为的农业政策实施就会产生显著的水环境效应。这种水环境效应主要体现在以下两个方面。

一方面，与提高产量挂钩的补贴政策引发了农民不合理的耕作方式，从而间接导致了农村水环境日益恶化。粮食直补在实施过程中主要与耕地面积挂钩，这将激励农民扩大种植面积，导致已有耕种土地集约化程度提高和对荒地、不适宜土地的开垦。农资综合直补、农机具补贴间接降低了生产要素价格，再加上化肥农药进口基本免除关税、化肥农药价格控制、化肥奖励等相关政策，进一步激励农民大量施用化肥和农药，从而对农村生态水环境以及农产品质量产生不容忽视的长远作用。农业补贴政策实施后粮食增产必然会使玉米、水稻、小麦等农作物的秸秆废弃物增多，导致秸秆处理问题更加严峻。畜禽增产导致的畜禽排泄物增多也不可避免，这同样也给农村水环境带来污染治理挑战。

另一方面，影响农户化肥、农药投入行为的因素有很多，除了价格补贴和种粮激励促使化肥农药投入量增加，其他类型的农业补贴对化肥农药的投入具有相反的效应。免征农业税和粮食直补导致的非农收入与务农收入的比重下降使农民可以不以牺牲土壤及水体环境为代价获得同等的收入，从而更加珍惜自己的耕地质量而减少化肥农药的使用量。农户的文化程度和施肥经验、耕地的集约化及地权稳定性同样影响着化肥农药等的投入。随着生产技术推广类补贴的深入和农村土地流转政策的配套，农业经营方式不断优化，农户的耕地地权更加稳定，集约化生产过程中更注重种粮新技术的培训与传播，农户不再对土地"透支经营"，而在农业生产过程中使用科学的施肥方式、改良土壤性状和培植地力，有利于防止农村水环境污染。

　　因此，根据化肥农药施用角度的分析，农业财政政策对农村水环境的影响不是单向的，不能断定农业财政政策对农村水环境是好是坏。鉴于此，本书借鉴任景明等（2009）的观点，结合环境经济理论，构建"结构—规模—技术"的理论分析框架，如图 6.2 所示，从宏观的层面分析农业财政政策影响农村水环境污染的内在机制。

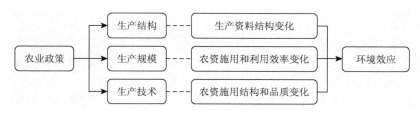

图 6.2　农业政策的水环境效应分析框架

　　第一，"农业政策—农业生产结构—水环境效应"。如良种补贴和农产品价格控制改变了大豆、水稻、小麦等粮食的市场价格，降低了边际生产成本，农户自然会增加受到补贴的粮食品种的种植，从而改变农户生产结构。不同的农产品对自然资源和肥料的需求不同，农产品生产结构的变化将导致耕地利用方式和化肥农药使用量及强度的变化，从而改变农村水环境污染效应。第二，"农业政策—农业生产规模—水环境效应"。农业政策的目标就是提高农民种粮积极性、增加农民收入、保障农产品质量，农户在农业税免征和农业补贴的激励下逐渐扩大生产规模，从而实现粮食增产和收入增加（图 6.1）。在耕地面积不变甚至减少的情况下，农业生产规模的扩大意味着耕地集约化程度提高，生产资料利用效率也相应提高，那么农药化肥等农资的使用量将有所降低，对农村水环境的污染有一定的抑制作用。同时，收入增加改变了消费水平和消费结构，对高质量农产品的需要与农民提升生活质量的要求不断增多，使农业规模化生产更加注重产品质量和对水环境的维护。第三，"农业政策—农业生产技术—水环境效应"。Grossman 和 Krueger（1991）认为技术进步可以减轻水环境压力。生产技术推广类补贴促进了农业生产过程中的技术进步，可以优化生产要素投入的品质和结构，进而降低农药、化肥、农膜等施用导致的农村面源污染。

　　因此，根据上述分析，本书在此提出以下命题。

　　命题 6.1：农村财政政策的结构效应导致农村水环境污染增加。

　　命题 6.2：农村财政政策的规模效应导致农村水环境污染减少。

　　命题 6.3：农村财政政策的技术效应导致农村水环境污染减少。

　　农业财政政策对农村水环境污染的影响表现为结构、规模和技术效应的综合作用，水环境效应的符号取决于这三种效应的符号及大小。

四、研究方法与数据

（一）理论模型

基于上述理论分析构建模型，具体形式为

$$E_{it} = \alpha_i + \mathrm{dt}_{it} + \sum_j \beta_j X_{it} + \sum_j \gamma_j \mathrm{dt}_{it} W_{it} + \sigma$$

其中，E_{it} 为地区 i 在 t 年的农村水环境污染；dt_{it} 为农业财政政策实施的虚拟变量，地区 i 在 t 年免征农业税且享受到农业补贴政策时 $\mathrm{dt}_{it} = 1$，否则为 0；X 为影响农村水环境污染物排放的因素集；同时还考虑了虚拟变量与影响因素的交互项，追踪农业财政政策影响农村水环境的路径。鉴于数据的可得性与政策的延续性及重要程度，本书在实证分析中选择的农业财政政策特指免征农业税和农业补贴政策。

（二）指标选择

根据前面的理论分析框架，选取对应的指标。

（1）结构效应。免征农业税和农业补贴主要影响农户种植粮食的主动性，从而选用粮食作物播种面积与农作物播种面积之比（area ratio）衡量农业财政政策对农作物生产结构影响的结果；另外，城乡居民收入差距也是结构变化的体现之一，选用城镇居民人均收入与农村居民人均纯收入之比（id）来表示。

（2）规模效应。农业生产规模扩大体现在农民收入增加、粮食增产、畜禽增产和耕地利用率上升等方面，选用农村居民人均纯收入（元/人）（y）、粮食产量（万吨）（output）、复种指数（multiple cropping）和猪出栏量（万头）（pig）来衡量农作物生产规模，其中，复种指数为各地区农作物播种面积与耕地面积的比值。

（3）技术效应。由于数据有限，本书没有计算农业部门的全要素生产率来代表技术进步。技术进步通常隐含在化肥、农药、农膜、种子及农机具的使用等方面，化肥、农药使用量的变化是技术进步的物化，通常技术越先进，则化肥、农药的使用量就会越少。因此用化肥施用折纯量（万吨）（fertilizer）、农药施用量（万吨）（pesticide）和农用机械总动力（万千瓦）（machine）来衡量农业技术进步。

本书构建 1993～2013 年全国省际面板数据，研究时期起始于 1993 年，而重庆在 1997 年才被单列为直辖市，因此将其与四川省合并，此外还不包括港澳台地区，最终数据包含的省份为 30 个。各解释变量的数据来源于历年《中国农业年鉴》和国家统计局网站，对涉及价值的数据换算为以 1990 年为基期的可比价格，对个别缺失值采用线性趋势法进行处理。目前国家尚未系统发布与农村水环境污染物质有关的统计数据，直接数据资料不可得，根据可行性和通用性原则，选取总氮、总磷和化学需氧量来衡量农村水环境污染，其数据由本书第二章中使用的清单分析法，通过产污单元污染物核算得出。由于 21 年 30 个省份的数据较多，图 6.3 仅展示 1993～2013 年全国农村环境污染物排放趋势，可见在 2004～2006 年污染物排放量有较大的浮动，而这一期间正是减免农业税和多项农业补贴开始推出的时期。2006 年之后农村环境污染量仍然继续小幅度上升。

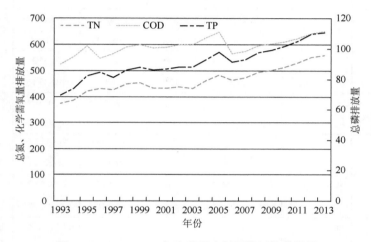

图 6.3　1993～2013 年为我国农村环境污染排放量

五、实证结果与分析

（一）农业财政政策的总体水环境效应

应用 1993～2013 年全国省际面板数据，以农村总氮、总磷、化学需氧量三类排放量为被解释变量分别进行回归，由 Hausman 检验得知应采用固定效应模型，模型的估计结果如表 6.1 所示，其中（1）～（3）列不含交互项，（4）～（6）列为考虑了农业政策与农作物生产结构交互项的结果。由（1）～（3）列可知，农业财政政策的系数为负，且在总氮、总磷、化学需氧量的模型中均显著，说明农业财政政策实施后农村水环境污染排放量有减少的趋势。这与图 6.3 的直观展示结果不一致，可能的原因是农业财政政策并非农村水环境污染变化的主导原因，农作物增产和畜禽养殖规模扩大才是农村水环境恶化的主要源头，粮食产量和猪出栏量的系数显著为正说明了这一点；相反，由农业财政政策改变的农村水环境状况是趋于好转的，即农业财政政策的结构效应、规模效应和技术效应的总效应是负向的。此外，复种指数的系数在化学需氧量模型中是正号，但不显著，而在总氮、总磷模型中是显著为负的，说明对耕地的重复利用可以有效减轻农村水环境的氮、磷污染。而化肥、农药、农机总动力的系数均显著为正，即农用生产资料的施用会加重农村水环境污染，这与预期符号一致。

表 6.1　农业财政政策对农村水环境的结构效应

变量	（1）总氮	（2）总磷	（3）化学需氧量	（4）总氮	（5）总磷	（6）化学需氧量
dt	−0.355**	−0.122***	−0.945***	−3.780***	−0.840***	−7.023***
	（0.146）	（0.043 8）	（0.275）	（0.543）	（0.166）	（1.027）
id	0.153	0.053 0	−0.541**	0.068 0	0.035 3	−0.691***
	（0.113）	（0.033 8）	（0.212）	（0.110）	（0.033 5）	（0.208）
area ratio	−0.015 1	−0.004 59	−0.069 3***	−0.026 7***	−0.007 03**	−0.090 0***
	（0.009 90）	（0.002 97）	（0.018 7）	（0.009 74）	（0.002 98）	（0.018 4）
dt·area ratio	—	—	—	0.052 1***	0.010 9***	0.092 5***
				（0.007 98）	（0.002 44）	（0.015 1）
y	4.86×10^{-5}*	1.93×10^{-5}**	-4.46×10^{-5}	5.53×10^{-5}**	2.07×10^{-5}**	-3.28×10^{-5}
	(2.74×10^{-5})	(8.24×10^{-6})	(5.17×10^{-5})	(2.65×10^{-5})	(8.11×10^{-6})	(5.02×10^{-5})
output	0.006 49***	0.00 100***	0.005 88***	0.006 02***	0.000 904***	0.005 05***
	（0.000 194）	(5.82×10^{-5})	（0.000 365）	（0.000 201）	(6.14×10^{-5})	（0.000 380）
multiple cropping	−0.200*	−0.092 1***	0.182	−0.062 7	−0.063 4**	0.426**
	（0.107）	（0.032 0）	（0.201）	（0.105）	（0.032 1）	（0.199）
pig	0.002 13***	0.000 470***	0.004 40***	0.002 06***	0.000 455***	0.004 28***
	（0.000 163）	(4.90×10^{-5})	（0.000 308）	（0.000 158）	(4.84×10^{-5})	（0.000 299）
machine	0.000 495***	0.000 252***	−0.000 765***	0.000 450***	0.000 243***	−0.000 844***
	(8.33×10^{-5})	(2.50×10^{-5})	（0.000 157）	(8.08×10^{-5})	(2.47×10^{-5})	（0.000 153）
fertilizer	0.014 7***	0.005 85***	0.015 0***	0.011 8***	0.005 25***	0.009 95**
	（0.002 56）	（0.000 767）	（0.004 82）	（0.002 51）	（0.000 767）	（0.004 75）
pesticide	0.133***	0.030 0*	0.056 1	0.134***	0.030 0**	0.056 5
	（0.051 2）	（0.015 4）	（0.096 5）	（0.049 5）	（0.015 1）	（0.093 7）
Constant	1.982**	0.968***	11.97***	3.365***	1.258***	14.42***
	（0.847）	（0.254）	（1.595）	（0.845）	（0.258）	（1.599）
R-squared	0.874	0.745	0.534	0.883	0.754	0.562

***、**、*分别代表在 1%、5%、10%水平上显著

注：括号中为标准差

（二）农业财政政策对水环境的结构效应

表 6.1 的（4）～（6）列展示了农业财政政策通过改变农业生产结构对农村水环境产生的影响。在不改变其他变量符号的前提下，农业财政政策与农作物生产结构交互项系数显著为正，即农业政策改变了农产品生产结构，从而间接地造成总氮、总磷、化学需氧量排放增加，农村水环境污染加剧。农业税减免和种粮补贴导致了粮食生产占农作物比重增加，而粮食生产对农药、化肥等会对水环境造成污染的农资需求更大，从而增加总氮、总磷、化学需氧量的排放，加重农村水环境污染。命题 6.1 得证。

（三）农业政策对水环境的规模效应

农业财政政策通过扩大农业生产规模而对农村水环境产生的作用，如表 6.2 所示，（7）～（9）列包含农业财政政策与农村居民人均纯收入的交互项，其系数符号为负，在总氮、总磷的模型中显著，说明农业财政政策使得农村人民收入增加、生产规模扩大之后，在一定程度上减少了对农村水环境的污染。免征农业税、粮食直补、农资综合直补等政策提高了农民收入，农民用增加的收入继续投入生产，扩大生产规模，提升农业生产的经济密集化管理层次，实现标准化生产、农业产业化开发。规模经济带来生产资料利用效率的提高，为获得同等产出而投入的生产资料减少，从而降低了污染物的排放。另外，收入提高也将伴随着消费质量的上升，在农产品规模经营过程中，农户也逐渐关注农产品质量及农业水环境维护，有利于农村水环境的改善。命题 6.2 得证。

表 6.2 农业财政政策对农村水环境的规模效应

变量	（1）总氮	（2）总磷	（3）化学需氧量	（7）总氮	（8）总磷	（9）化学需氧量
dt	−0.355**	−0.122***	−0.945***	−0.253	−0.077 8	−0.333
	(0.146)	(0.043 8)	(0.275)	(0.250)	(0.074 9)	(0.473)
id	0.153	0.053 0	−0.541**	0.199*	0.068 3**	−0.494**
	(0.113)	(0.033 8)	(0.212)	(0.113)	(0.033 9)	(0.214)
area ratio	−0.015 1	−0.004 59	−0.069 3***	0.003 91	0.001 66	−0.050 2**
	(0.009 90)	(0.002 97)	(0.018 7)	(0.011 7)	(0.003 51)	(0.022 2)
y	$4.86×10^{-5}$*	$1.93×10^{-5}$**	$-4.46×10^{-5}$	$0.000\,287$***	$9.78×10^{-5}$***	$0.000\,195$
	$(2.74×10^{-5})$	$(8.24×10^{-6})$	$(5.17×10^{-5})$	$(8.43×10^{-5})$	$(2.53×10^{-5})$	$(0.000\,160)$

续表

变量	（1）总氮	（2）总磷	（3）化学需氧量	（7）总氮	（8）总磷	（9）化学需氧量
dt·y	—	—	—	−0.000 221***	−7.29×10⁻⁵***	−0.000 223
				(7.41×10⁻⁵)	(2.22×10⁻⁵)	(0.000 140)
output	0.006 49***	0.001 00***	0.005 88***	0.006 39***	0.000 970***	0.005 78***
	(0.000 194)	(5.82×10⁻⁵)	(0.000 365)	(0.000 195)	(5.86×10⁻⁵)	(0.000 370)
multiple cropping	−0.200*	−0.092 1***	0.182	−0.143	−0.073 4**	0.240
	(0.107)	(0.032 0)	(0.201)	(0.108)	(0.032 2)	(0.204)
pig	0.002 13***	0.000 470***	0.004 40***	0.002 13***	0.000 469***	0.004 40***
	(0.000 163)	(4.90×10⁻⁵)	(0.000 308)	(0.000 162)	(4.86×10⁻⁵)	(0.000 307)
machine	0.000 495***	0.000 252***	−0.000 765***	0.000 488***	0.000 250***	−0.000 772***
	(8.33×10⁻⁵)	(2.50×10⁻⁵)	(0.000 157)	(8.28×10⁻⁵)	(2.48×10⁻⁵)	(0.000 157)
fertilizer	0.014 7***	0.005 85***	0.015 0***	0.015 1***	0.005 99***	0.015 4***
	(0.002 56)	(0.000 767)	(0.004 82)	(0.002 54)	(0.000 762)	(0.004 82)
pesticide	0.133***	0.030 0*	0.056 1	0.093 1*	0.016 7	0.015 5
	(0.051 2)	(0.015 4)	(0.096 5)	(0.052 6)	(0.015 8)	(0.099 7)
Constant	1.982**	0.968***	11.97***	0.307	0.417	10.28***
	(0.847)	(0.254)	(1.595)	(1.011)	(0.303)	(1.915)
R-squared	0.874	0.745	0.534	0.876	0.750	0.536

***、**、*分别代表在1%、5%、10%水平上显著

注：括号中为标准差

（四）农业财政政策对水环境的技术效应

农业财政政策通过改进农业技术而对农村水环境产生的影响，如表 6.3 所示，（10）～（12）列包含农业财政政策与农机动力及化肥使用的交互项。农业政策与农机具使用的交互项系数为负，说明农机具购置补贴和农业技术补贴激励农户增加使用农机具，尽管农业机械化增加了能源消耗和碳排放，不利于节约资源或可能造成农村空气污染，但本书重点考虑的是氮、磷和化学需氧量的排放，农业机械化对传统化肥农药的替代显著降低了农村水环境和土壤质量的污染。农业财政政策与化肥使用量的交互项系数在总氮、总磷模型中显著为正，表明农业补贴并没有减少农户化肥的使用量，氮肥、磷肥的大量使用增加了农村水环境的氮、磷污染，农业技术补贴还没有在全国范围内达到预期减少农村污染、绿色生产的效果。两个交互项的符号不全为负，因此命题 6.3 有待进一步考证。

表 6.3　农业财政政策对农村水环境的技术效应

变量	（1）总氮	（2）总磷	（3）化学需氧量	（10）总氮	（11）总磷	（12）化学需氧量
dt	−0.355**	−0.122***	−0.945***	−0.104	−0.069 8	0.943***
	(0.146)	(0.043 8)	(0.275)	(0.181)	(0.054 3)	(0.315)
id	0.153	0.053 0	−0.541**	0.173	0.058 2*	−0.450**
	(0.113)	(0.033 8)	(0.212)	(0.111)	(0.033 4)	(0.194)
area ratio	−0.015 1	−0.004 59	−0.069 3***	−0.013 1	−0.004 51	−0.034 6*
	(0.009 90)	(0.002 97)	(0.018 7)	(0.010 1)	(0.003 04)	(0.017 6)
y	4.86×10^{-5}*	1.93×10^{-5}**	-4.46×10^{-5}	4.09×10^{-5}	1.76×10^{-5}**	-9.66×10^{-5}**
	(2.74×10^{-5})	(8.24×10^{-6})	(5.17×10^{-5})	(2.72×10^{-5})	(8.17×10^{-6})	(4.74×10^{-5})
output	0.006 49***	0.001 00***	0.005 88***	0.006 66***	0.001 06***	0.006 02***
	(0.000 194)	(5.82×10^{-5})	(0.000 365)	(0.000 199)	(5.98×10^{-5})	(0.000 347)
multiple cropping	−0.200*	−0.092 1***	0.182	−0.240**	−0.102***	−0.030 3
	(0.107)	(0.032 0)	(0.201)	(0.106)	(0.031 8)	(0.184)
pig	0.002 13***	0.000 470***	0.004 40***	0.001 91***	0.000 405***	0.003 86***
	(0.000 163)	(4.90×10^{-5})	(0.000 308)	(0.000 169)	(5.09×10^{-5})	(0.000 295)
machine	0.000 495***	0.000 252***	−0.000 765***	0.001 01***	0.000 397***	0.000 862***
	(8.33×10^{-5})	(2.50×10^{-5})	(0.000 157)	(0.000 140)	(4.20×10^{-5})	(0.000 244)
dt·machine	—	—	—	−0.000 390***	−0.000 116***	−0.000 898***
				(9.60×10^{-5})	(2.89×10^{-5})	(0.000 168)
fertilizer	0.014 7***	0.005 85***	0.015 0***	0.018 9***	0.007 32***	0.012 7**
	(0.002 56)	(0.000 767)	(0.004 82)	(0.003 13)	(0.000 943)	(0.005 47)
dt·fertilizer	—	—	—	0.003 38**	0.001 19**	−0.002 92
				(0.001 57)	(0.000 472)	(0.002 74)
pesticide	0.133***	0.030 0*	0.056 1	0.073 3	0.014 2	−0.210**
	(0.051 2)	(0.015 4)	(0.096 5)	(0.052 4)	(0.015 8)	(0.091 4)
Constant	1.982**	0.968***	11.97***	1.966**	1.021***	8.570***
	(0.847)	(0.254)	(1.595)	(0.890)	(0.268)	(1.554)
R-squared	0.874	0.745	0.534	0.879	0.753	0.614

***、**、*分别代表在 1%、5%、10%水平上显著

注：括号中为标准差

（五）稳定性检验

为了检验政策实施后的水环境效应是否持续和稳定,本书设定 dt3 和 dt6 两个虚拟变量分别代表农业财政政策实施后 3 年和 6 年,即当 dt3 = 1 时该省的农业财

政政策已实施 3 年及以上，否则为 0；当 dt6＝1 时该省的农业财政政策已实施 6 年及以上，否则为 0。用 dt3 和 dt6 替代原模型中的 dt，相应地，交互项也随之改变，再次对模型进行回归，研究政策实施 3 年后和 6 年后的水环境效应。农业财政政策实施 3 年后和 6 年后的结构效应、规模效应及技术效应如表 6.4～表 6.6 所示，表 6.4 中已省略了其他控制变量的估计结果。

表 6.4　农业财政政策实施 3 年后和 6 年后的结构效应

变量	总氮	总磷	化学需氧量
dt3	−3.548***	−0.768***	−5.625***
	（0.582）	（0.178）	（1.115）
dt3·area ratio	0.047 1***	0.009 60***	0.083 3***
	（0.008 68）	（0.002 65）	（0.016 6）
控制变量	control	control	control
dt6	−2.980***	−0.690***	−4.036***
	（0.730）	（0.221）	（1.398）
dt6·area ratio	0.036 8***	0.008 50**	0.063 2***
	（0.011 0）	（0.003 33）	（0.021 0）
控制变量	control	control	control

***、**、*分别代表在 1%、5%、10%水平上显著
注：括号中为标准差

表 6.5　农业财政政策实施 3 年后和 6 年后的规模效应

变量	总氮	总磷	化学需氧量
dt3	−0.075 3	−0.051 9	−0.421
	（0.278）	（0.083 6）	（0.531）
dt3·y	−0.000 111**	-2.48×10^{-5}	3.85×10^{-5}
	(5.58×10^{-5})	(1.68×10^{-5})	（0.000 107）
控制变量	control	control	control
dt6	−0.495	−0.113	−0.477
	（0.365）	（0.110）	（0.697）
dt6·y	-1.73×10^{-5}	-4.43×10^{-6}	7.30×10^{-5}
	(4.54×10^{-5})	(1.37×10^{-5})	(8.67×10^{-5})
控制变量	control	control	control

***、**、*分别代表在 1%、5%、10%水平上显著
注：括号中为标准差

表 6.6　农业财政政策实施 3 年后和 6 年后的技术效应

变量	总氮	总磷	化学需氧量
dt3	−0.266	−0.118*	1.118***
	（0.210）	（0.063 3）	（0.392）
dt3·fertilizer	0.003 36**	0.001 12**	−0.001 34
	（0.001 58）	（0.000 476）	（0.002 95）
dt3·machine	−0.000 319***	$-8.50×10^{-5}$***	−0.000 501***
	（$8.85×10^{-5}$）	（$2.67×10^{-5}$）	（0.000 165）
控制变量	control	control	control
dt6	−0.414	−0.131*	1.083**
	（0.259）	（0.078 4）	（0.493）
dt6·fertilizer	0.001 17	0.000 541	−0.004 60
	（0.001 80）	（0.000 545）	（0.003 43）
dt6·machine	−0.000 130	$-3.51×10^{-5}$	$-5.93×10^{-5}$
	（$9.40×10^{-5}$）	（$2.84×10^{-5}$）	（0.000 179）
控制变量	control	control	control

***、**、*分别代表在 1%、5%、10%水平上显著
注：括号中为标准差

　　如表 6.4 所示，政策实施 3 年后和 6 年后，水环境总效应仍然显著为负，即农业财政政策对农村水环境的保护效应是稳定而持续的。dt3 和 dt6 与农作物结构（area ratio）的交互项的系数均为正且显著，与表 6.1 的结果相一致，说明农业补贴影响农户的种植结构进而影响农村水环境的效应是持续的，政府应尽快完善良种补贴品种，平衡各农作物的污染排放，同时改善粮食作物的化肥农药施用强度，防止农村水环境因农作物结构而持续恶化。表 6.5 和表 6.6 中的系数几乎不显著，可能是由于政策实施后的数据不够导致农业财政政策的规模效应和技术效应不明显；但即使如此，除了化学需氧量，表 6.5 和表 6.6 中的符号与表 6.2 和表 6.3 中的符号一致，说明农业财政政策对农村总氮、总磷排放的影响趋势不变，对化学需氧量的排放不存在持续性的影响。

六、结论与对策

（一）研究结论

　　本书在对农业财政政策的水环境效应机理分析的基础上，构建含有农业财政政策虚拟变量及其与农作物生产结构、农民收入、农机动力和化肥施用的交互项的理论模型，从农业财政政策的结构效应、规模效应和技术效应三个方面来阐述农业财政政策对农村水环境的间接影响。实证研究的结论如下。

（1）由农业财政政策实施导致的农村水环境中总氮、总磷、化学需氧量排放总体上呈现下降趋势。

（2）农业补贴政策改变了农作物生产结构，粮食生产比重上升进而增加了化肥、农药等危害农村水环境的生产资料的使用量，导致农村水环境恶化。

（3）免征农业税、收入类直接补贴和生产投入类补贴不仅提高了农民收入，而且有助于扩大农业生产规模，提高了生产资料利用效率，进而减少农村水环境污染。

（4）农机具购置等补贴推进了农业机械化，提升了农业生产技术水平，进而降低了农村水环境中氮、磷、化学需氧量的排放；但测土配方施肥等农业技术补贴还不成熟，未能在全国范围内有效控制化肥的过度使用，因此农村水环境中氮、磷污染排放在农业政策实施后没有下降。

（二）对策建议

为了实现粮食保质保量生产、农民持续增收与农村水环境保护的多重目标，根据以上实证研究结果，结合我国目前农业财政政策实施情况，提出以下建议。

（1）增加良种补贴品种，完善种粮补贴体系。通过增加补贴品种以优化生产结构，同时为了鼓励农民控制农药化肥的使用量，可以将粮食直补与农产品质量挂钩而非简单地与耕种面积挂钩，设定以无农药农产品、低农药农产品、有机农产品和过渡期有机农产品为基础的等级，按等级制定不同的补贴标准。

（2）完善农村土地流转政策配套。土地适当规模集中，不仅利于农业规模化生产，也利于农场经营者对土地的合理利用，不仅降低清洁生产方式的推广成本，还便于水环境监管部门对农村生产水环境的控制。

（3）创新推广农业技术补贴。全面推广测土配方施肥、农药精准高效施用；创新绿色补贴，增加秸秆还田等水环境友好型农业生产技术支持，增加生态农药、生态化肥等有机要素的价格补贴，推广清洁农业。

参 考 文 献

马爱慧，张安录. 2012. 农业补贴政策效果评价与优化[J]. 华中农业大学学报，（3）：33-37.

冉瑞平，李娟，魏晋. 2011. 丘区农村环境污染影响因素的实证分析——以四川省为例[J]. 农村经济，（4）：112-115.

任景明，喻元秀，王如松. 2009. 中国农业政策环境影响初步分析[J]. 中国农学通报，25（15）：223-229.

张少兵，王雅鹏. 2007. 国外农业补贴的环境影响与政策启示[J]. 经济问题探索，（12）：175-178.

赵勇，汪力斌，李小云. 2009. 农民对农业政策及其环境影响的评价——以三江平原湿地保护为例[J]. 生态经济，
　　（2）：30-49.

钟甫宁，宁满秀，邢鹏，等. 2006. 农业保险与农用化学品施用关系研究——对新疆玛纳斯河流域农户的经验分析
　　[J]. 经济学季刊，（10）：291-308.

Grossman G M，Krueger A B. 1991. Environmental Impact of a North American Free Trade Agreement[Z]. NBER
　　Working Paper，No. 3914.

第七章　农村水环境管理的国际经验借鉴

　　水污染问题是当前世界各国都面临的环境挑战。发达国家在工业化进程中，也曾经历过农村环境污染防治与管理的艰难历程，并积累了较为丰富的经验。如美国、欧盟、日本等发达国家和地区就很早地把水污染防治加入到国家规制内，规定了较为健全且严格的法律法规，并积极研发推广水污染治理技术，构成了整套突显自身特征的水污染防治系统，更开创了"精准农业""绿色农业"等循环农业模式。而印度等发展中国家的水环境管理法律制度和农业灌溉用水技术等实践也卓有成效，这些国家在农村水环境污染防治和管理方面的政策与实践经验，为我国解决农村水环境问题提供了很好的借鉴和启示。

一、农村水环境污染防治的主要政策工具

　　在西方发达国家和一些农业较为发达的发展中国家，防护与管理农村环境污染所选用的经济工具主要有环境税、排污交易制度、环境责任保险等；行政工具主要有水环境标准的制定制度（Brown and Pena，2016）。此外，利用法律工具加强对农村水环境的管理也是一个重要的政策工具。

（一）经济工具

1. 环境税

　　环境税主要是对开采、保护、利用环境资源的个人和单位，依照对环境资源的开采状况、保护程度、破坏水平等实行征税或减税的一种税制。环境税收主要包括四种类型：排污税或排污收费、产品收费或产品税、税收差异和税收优惠、用户收费或服务收费。在农村水环境领域，当前使用最多的是农业产品税和农资产品税。例如，芬兰在 20 世纪 80 年代末开征化肥税，旨在控制磷、氮的使用量，防止化肥的过量使用。瑞典也开征了氮肥和磷肥税，并且对喷洒农药的土地按照面积课税，税收收入主要用于林业和农业的环境评价与分析。环境税产生的间接效应，会使农民减少农业化工类生产资料的投放，进而减少农村地区的水环境污染。

2. 排污交易制度

1968 年，美国经济学家 Dyas 根据 Coase 定理的环境经济政策，提出了排污交易制度。其主要思想是：在污染物排放总量控制指标明确的条件下，建立合法的污染物排放权利，即排污权，具备了商品可交易的特性，从而以市场机制来操纵污染物的排放控制。以美国为首，德国、澳大利亚、英国等也接连实施了排污交易制度。美国希望对大气和河流的污染进行控制，其中在控制科罗拉多州水库的实验中，点源—非点源污染的排放权交易有了突破性的进展（Chesnult et al.，2008）。1984 年计划开始推行，国有的污水处理厂为了控制非点源污染会提供处理污水耗费成本的补偿。

3. 环境责任保险

环境责任保险又有"绿色保险"之称。对环境责任保险的普遍定义是，当被保险人破坏自然社会资源时，因此而需担负的赔偿责任为保险对象的保险。第二次世界大战后经济增长速度加快，环境保护问题也日趋严重，在此情况下，环境责任保险被提出。例如，在美国，政府需要一年对财产与巨灾保险人课税 5 亿美元，以此用于严重环境污染清除的特定项目，从而分离保险人需要承担的巨大责任；20 世纪 80 年代末，法国保险公司与外国保险公司合作组成污染再保险联营，制定了污染特别保险单，一方面可以承担保护突然性的水污染事故或大气污染事故，另一方面承担保护单独性、重复性或持续性事故所造成的环境损害。德国利用环境责任保险与财务担保或保证相联合的方法，大致涵盖境内的环境污染补偿，从而确保保险人的收益。印度实施了《公共责任保险法》，依据污染责任人是国企或非国企，推行两种制度。

（二）行政工具

在农村水环境管理中普遍使用的行政工具就是水环境标准。欧盟和日本在水环境管理中使用的分类标准具有重要的借鉴意义（杜桂荣等，2012）。以欧盟为例，从20 世纪 80 年代制定第一个饮用水水源地相关的水环境标准指令开始，截至目前，已经共出台了二十多条与水环境标准相关的指令，体现在欧盟《水框架指令》（Water Framework Directive，WFD）的重要协定中，主要包括质量、排放和监测标准。质量标准有关于饮用水源地地表水的 75/440/EEC 指令、有关游泳水水质标准的 76/160/EEC 指令、有关渔业淡水的 78/659/EEC 指令、有关贝类养殖水质标准的 79/923/EEC 指令、有关饮用水质量标准的 80/778/EEC 指令；排放标准主要有有关某些危险物排入水体的 76Π464ΠEEC 指令、有关城镇污水厂废水处理的 91/271/EEC

指令、有关保护地下水免受特殊危险物质污染的 80/68/EEC 指令、有关农业面源硝酸盐污染控制的 91/676/EEC 指令等；监测标准主要是有关地表水质量监测方法的 79/869/EEC 指令（后经 81/855/EEC 指令修订），规定了地表水取样、采样频率、监测和分析方法。同时，有针对洪水、自然灾害和地表水及饮用水的监测方法标准、国际标准化组织及欧洲标准委员会标准。

（三）法律工具

　　加强农村水环境管理应健全法律体系建设，主要包括针对农村污染源的立法保护和环境信息公开制度的确立（曾维华等，2003）。如大部分经济体采取法律的强制手段处理畜禽养殖污染。1962 年，芬兰首先立法，在《水资源保护法》中对畜禽养殖作出规定：芬兰的畜牧场开工前三个月必须确定关于牧场的范围、贮粪池及选用粪肥的土地面积等。制定法律最多的经济体是日本，前后共制定了七个相关法律，如《废弃物处理法》《防止水质污染法》等，日本相关法律规定了畜牧场污水排放标准，即畜牧场排放的污水中生化需氧量（biochemical oxygen demand，BOD）和化学需氧量的浓度要低于 120mg/L，大肠杆菌数量要少于 300 个/L；德国、英国、美国、新加坡等经济体都有处理畜禽污染的法律。在环境信息公开制度方面，1986 年，美国国会实行了《应急计划与社区知情权法案》，规定：美国环境保护局将构建公开化的的网络数据库，使民众可以借此获得相关环境中被排放的有害物质的信息。有害物质排放信息库条款已经成为环境保护和社会知情权条例的一部分，对环境保护产生了正向的影响。根据美国环境保护局的报告，从 1988 年到 1994 年间地下水的有害物质排放量降低了 51%，地表水的有害物质排放量降低了 73%。1998～2000 年，美国降低了 15 亿吨或 48%的总污染物排放。

二、国外农村水环境管理的政策与实践措施

　　为了保护农村水环境，有效开展农村水环境污染防治工作，一般来说，国外会采取法律、行政和经济等多种措施，即首先成立环境管理机构，统一决断和协同地区发展，设立以政府主导的农村环境保护投入制度，完善环境的法律法规，同时加上法规标准、监督执法、培训教育、提升治理技术等措施，初步建立起农村水环境防控体系。

（一）美国

　　美国的农业面源污染曾经非常严重，在 1990 年，农业面源污染占国内的

68%～83%，50%～70%的地面水体受到污染威胁。为了根治农业面源污染，美国政府制订并实行了一系列防治农村水环境污染的计划，主要有面源污染管理、国家灌溉水质标准、乡村清洁水计划、杀虫剂实施标准、农业水土保持法令等。经过几十年的污染治理，美国的农业面源污染已经大幅度减少，农村水环境状况逐渐恢复。截止到 2006 年，美国的农业面源污染已比 1990 年降低了 65%。美国在农村水环境管理方面的主要经验如下。

1. 实施税收补贴激励政策

20 世纪 70 年代末美国就有规定：对于主动防治面源污染的企业或者个人，政府将进行资助；对于主动采取其他防治行为的，政府会考虑以税费减免的方式进行补偿。1990 年起，美国试运行"绿色补贴"。领取补贴的农民需要从自身做起，定期对其农田所在地区的野生资源、森林、植被的土壤、水、空气进行调研和检查。政府会根据其环境保护调查情况和检验的质量，决定是否给予补贴以及给予多少补贴，对完成任务较好的农民，除了补贴，同时对其农业税进行减免作为奖励，以此达到通过设立一定条件，强制农民进行环境保护的行为。

2. 大力研发和推广"精准农业"

除了采取税收补贴来激发农民环境保护意识，美国在基础研发、技术创新、成果转化等方面也十分重视和支持。美国是世界上实施精准农业最早的国家之一，精准农业也称精确（细）农业，是指以最小的投入得到高质量、高产出和高效益的目的。

精准农业的关键思想是根据农田的实际情况，精准地对土壤和种植的农作物进行分析，从而以最小的化肥、农药、水、种子等农业投入来获得高产量和高收益，减少对化学物质的投入，更好地保护农业生态环境，可以说，精准农业是"减量化"的循环农业。20 世纪 90 年代，美国开始在农业生产方面应用全球定位系统技术，如明尼苏达州农场实行精准农业技术，发现在全球定位系统技术下施肥的农作物产量大约比传统技术下施肥的农作物产量增加了 30%。1993 年以来，精准农业在美国发展快速，截止到 1996 年，装载产量检测器的收获机有 9000 台。在农业灌溉方面，科研设计等技术费用全由联邦政府承担，建设费用联邦政府承担 50%，另 50%由地方政府承担或提供优惠贷款。

3. 健全农村水环境污染防治的法律体系

美国还制定了完善的法律体系来增强农村水环境污染的防护。美国可以说是在环境法制上较为先进的经济体之一。1948 年，美国首次制定并颁布《联邦水污染控制法》（Federal Water Pollution Control Act of the United States，FWPCA），随后又通过若干修正案，由此形成了美国水污染防治的法律体系。另外，针对农村水环境质量标准，美国国会也制定了相应的法律予以规制。例如，1972 年修改的《联邦水污染控制法》中正式提到"控制面源污染"，《1972 年联邦环境杀虫剂控制法》将 DDT（dichlorodiphenyltrichloroethane，双对氯苯基三氯乙烷）等有毒的化学品纳入禁止性规定。而对于农业生产环节中的化肥、农药等污染源的使用也予以立法，除了阿拉斯加和夏威夷的 48 个州制定专门的法律外，还出台一些操作性较强的实施细则。例如，违法生产、经营一般性生产资料如化肥，处以 1000～5000 美元的罚款，情节严重的，处 1～3 年监禁；对于涉及民众生命安全的和健康的重要性生产资料的违法生产与经营行为，将处以 10 万～100 万美元的罚款，情节严重的，可处以 10 年监禁等。

4. 加强对农民的环境教育

此外，美国政府还非常重视对农民的环境教育，鼓励农民自发地防护农业面源污染。如公众依靠听证会、公民诉讼等方式推进了美国《联邦水污染控制法》的制定和之后十几次的修正。1972 年，缪斯基的参议院小组委员会举办的听证会多达 44 天，终于起草出最终的法律文本——具有里程碑意义的《联邦水污染控制法》修正案即《清洁水法》。同时，《清洁水法》没有对"有毒污染物"的种类和确定的排放标准进行明晰的说明，而是转交给美国环境保护局，要求其 90 天之内达成制定工作，但出于各种原因，美国环境保护局未完成此项法定义务。此时，自然资源保护协会（Natural Resources Defense Council，NRDC）通过起诉，强制美国环境保护局完成对"有毒污染物"标准的制定，由此环境保护局公布了排放标准列表。种种案例都说明，民众的加入对于促进环境保护和立法十分关键。

5. 注重生活垃圾的处理

美国作为发达国家，受垃圾困扰由来已久，在实践中摸索出一些解决垃圾问题和垃圾资源化的办法，逐步实现了经济增长而垃圾产量下降的可持续发展局面。其中最主要的做法就是把立法作为解决垃圾处理问题的重要手段。一是对居民产生的垃圾收费。美国西雅图市规定：每月每户居民运走四桶垃圾缴纳 13.25 美元，每增加一桶垃圾，加收费用 9 美元，在这种阶梯收费规定实施后，西雅图市的垃圾量减少了 25%以上。二是对生产厂商的包装做出限制。从 1989 年 7 月开始，美国近半数的州禁止所有不能分解和还原处理的食品塑料袋包装上市。三是对乱丢垃圾做出处罚规定。1989 年美国加利福尼亚州立法机关通过一项法律：全州各市县在 1995 年各地把垃圾量减少 25%，至 2000 年时垃圾量减少 50%，违者将面临每天 1 万美元罚款的严厉处罚。

（二）欧盟

随着经济的快速发展，对水资源长时间不间断地开发利用，使欧洲水环境受到工业、生活的点源污染和农业的面源污染，水电使用、航海运输等居民行为对水环境的影响很大，而且不同区域的水污染问题也具有异质性，欧盟水资源及水环境保护面临着较大的挑战。从 1970 年开始，欧盟便接连推行了一系列的水环境法规，用以减缓、阻止且慢慢消除居民生产生活对水环境的影响，从而保证居民健康和环境友好，推动经济社会的可持续发展。

1. 欧盟早期立法控制水污染

面对区域内部水污染持续恶化的情形，欧盟在 20 世纪 70～80 年代展开了首批水环境立法的工作，规定了游泳、渔业、饮用等用水水质标准，使水质量可以保证居民健康。90 年代后，欧盟开始第二批次的立法工作，更为注重对污染物进行根源控制，规定了生活污水、工业废水和农业退水污染物控制的对应标准及政策。农业施肥带来的一个重要问题是水体硝酸盐污染，为了不让污染进一步加重，欧洲理事会自 90 年代制定了《硝酸盐指令》，规定成员国需要标识水环境中硝酸根含量超过 0.050g/L 或富营养化的水域，并划分为硝酸盐敏感区域，以此因地制宜地推行政策；利用测土施肥、休耕等措施来促使人们主动在非敏感区域实行最佳的农业耕作实践方式。英国、法国和西班牙等在《硝酸盐指令》推行后，开始陆续通过法律措施控制硝酸盐对水环境的污染。《硝酸盐指令》还明确限定了粪尿肥氮投入量不可以大于 170kg/hm^2，以此控制畜禽污染。荷兰、瑞典和丹麦等畜牧业大国也应用法律措施来控制污染。荷兰畜牧业集聚程度在全球位居第一，一年有 1/6 的畜禽粪尿超过规定标准。因 2003 年未达到欧盟的限量标准，被欧盟法庭责令缴纳 2.3 亿欧元的罚款。

2. 欧盟的《水框架指令》

进入 21 世纪，欧盟制定了《水框架指令》，确定了水环境及资源全方位综合管理的政策，指导欧盟地区的水环境保护进入新阶段（王海燕和孟伟，2009）。水框架指令是以流域或者区域为尺度，强调水资源管理要综合考量所有水资源、水应用途径及价值、各类专业和学者意见、设计水环境的立法、生态状况、治理规定、利益相关者的建议及不同层次决定者等多方面因素；需增加政策规定制定和实行的透明度；推动民众积极参与；同时也给出了流域水资源管理的一般步骤和程序。与之前两批水立法针对特定对象不同，《水框架指令》目的是保证整体的水环境良好，从而从根源上保证动植物的饮水安全和水资源环境的可持续发展。《水框架指令》要求：欧盟各地区需要为区域内的每个流域制订流域管理计划；国际性的流域需要制订统一的流域管理计划；各地区也可根据特定的情况制订更为详细的计划以此补充流域管理计划；流域管理计划要定时评估和更新。在评估和更新的时候可以随着科技进步而对附件相关规定进行调整。水框架指令实施指导文件及相关技术报告、试点示范报告提出很多可供采取的办法，欧洲委员会并不会强迫某一地区必须采取某一种做法，而会让其在不违反基本原则的前提下，因地制宜地制订管理计划，实现水资源管理。

为了响应欧盟理事会颁布的各项指令，各成员国纷纷根据本国具体情况制定了相关环境保护法律，并且针对农村相关法律法规制定了相适应的农村环境标准。例如，对农田化肥和有机肥施肥的数量和时间、有机肥的质量要求，以及牧场的有机废物排放和处理等都有了明确的标准。为保证法律能顺利推行，各国政府还筹措了专项基金，组织科研、教学、设计部门进入实际的农业生产，增加农业科研的资金投入，积极投入科研创新，提高新技术的推广转换，如节水技术、生态技术、绿色耕种技术，以高技术创新农业，提升能源节约的整体技术水平。

3. 开创"绿色能源"农业和"永久农业"

德国在20世纪90年代初开创了"绿色能源"农业。"绿色能源"农业是利用一些农产品中提炼矿物能源和化工原料替代品，实现农产品循环再利用与环境污染量的大幅减少。德国政府重点推行一些绿色无污染的经济作物充当生物质能源原料，如甜菜、马铃薯、油菜、玉米等，经过定向培育，研发出乙醇、甲烷等绿色能源；在菊芋植物中提取酒精；在羽豆中制取生物碱。其中，油菜籽是德国当前最关键的能源农作物，不仅可以用作化工原料，还可以提取植物柴油，替代矿物柴油用作能源燃料。有了这些绿色能源，德国大大减少了化学能源在农业上的应用，从源头上对农村水环境污染防治起到了重大作用。

欧盟的另一个重要国家英国，推行"永久农业"这一成功循环经济中废物再利用的关键模式，也成功减少了农村水环境的污染。"永久农业"是指在节约资源和不污染环境的前提下，以元素的最优配置得到收益的最大化。种植者循环运用各类资源，节省能源，如以香烟头来采集雨水、将粪便转换为有机肥料、推行秸秆还田。可以说，"永久农业"就是追求尽量少地使用土地资源，强调利用多年生植物，多利用环境的自我调节系统。在耕作土地时，采用种植各种植物和绿色护盖等方法来保持土地的肥沃性，定期检测当地环境，推行绿色发展计划。"永久农业"并不会依赖化肥和杀虫剂来杀死害虫，而是种植多种植物或利用食物链，例如，豆类植物苜蓿，可以产生氮气，会让害虫失去方向感。这样不仅减少了自然资源的使用，提升了资源利用效率，还可以保护环境。

4. 加大社会资本的融入

另外，英法两国一些公司采用 BOT 方式建设大型工程项目的做法，也值得关注学习。对于农村水环境污染防治工程的建设，仅靠政府出资远远不够，需要调动社会资源和市场的力量。

（三）日本

第二次世界大战之后，日本政府为了推动经济发展，将化工工业作为产业重点。但是，由于缺少完善的环境管理和污染治理措施，日本环境遭到了极大的破坏。在 20 世纪全球发生的八大著名环境公害事件中，有四起就发生在日本。为了改善环境状况，从 1967 年开始，日本政府投入大量资金，并出台一系列的法律法规，从产业发展、制度建设和发展规划等各个方面加强对环境污染的控制、管理和治理。至 21 世纪，日本的工业污染得到全面控制，日本的下水道，即濑户内海和琵琶湖的水质均已显著好转，大多数城市的空气质量不逊于我国大多数的度假区。此外，比这些成功案例更值得重视的是日本的环境保护法制建设和日本人民的环境保护意识。

1. 健全的水环境污染防治法律体系

明治维新后，日本便开始向西方发达国家吸收立法的经验教训，然后以此为前提依据日本的国情出台一系列的法律法规，主要有 1958 年的《水质保护法》、1964 年的《河川法》、1967 年的《公害对策基本法》、1970 年的《水质污染防治法》等。为了更有效地施行上述法律法规，日本还出台了流域监测评价系统和相对应的附属法与关系法。根据《水质污染防治法》的体系，有附属法 5 部，特别法 2 部，另外关系法则包括：《环境基本法》《农用土地土壤污染防止法》《旧下水道法》《公害健康被害赔偿法》《公害防止事业费事业者负担法》《公害纠纷处理法》及《关于特定工厂整备防止公害组织的法律》。并且日本的法律条款都相当细致，如针对畜禽养殖污染的防治，《水质污染防治法》中不仅有污染物排放标准的一般规定，还按畜禽场的规模分级，进一步详细说明了排污标准，要求排水量在 $50m^3$/日以上的畜牧场所，排向河流、湖泊的污水 pH 应在 5.8～8.6 等。除此之外，关于农业的法律法规还有《可持续农业法》《食品、农业、农村基本法》《食品循环利用法》《堆肥品质管理法》等，《堆肥品质管理法》明确并且详细规定了堆肥的生产、销售、管理等程序。这些法案从总的法规到细化的单个法规，每个部分的法律法规都有配套，尽量消除法律法规的"盲区"。在制定了完善的环境保护法规体系后，如果不能保证有效执法，法律法规也将成为一纸空文。如果要保证执法，有效治理环境污染，那么就要完善环境执法机构，进一步提高对执法建设的财政投入，加强建设环境执法队伍等。

2. 注重培养公民环境意识

日本还非常注重公民环境意识的培养，环境保护意识深得人心，日本公民都自觉守法。日本的循环经济理念不但在法律中提出，更得到了民众和企业的认同。东芝、松下等大型企业都有着公司环境保护理念，并以此建立公司中长期目标，而不仅仅以利润为目标，公司规定生产废物的排放方式和资源利用数量，做到零排放、100%循环利用；而民众则主要从自身做起，同时进行对企业、政府的监督，以此保护环境，据统计，日本的环境非政府组织规模在全球名列前茅。

3. 加强政策重视和支持

为了更高效地治理农村水环境污染，日本政府还提供了有力的政策支持，主要是对于环境保护型农户建设给予硬件补贴和无息贷款的支持，还有减免税收等其他优惠政策。日本政府对基层农民组织十分重视，希望其能在农村环境保护建设中发挥重要作用。在日本，农业协会是实体组织，代表着农民的权益，有着单独的技术培训和工作地点，而多年来农业协会确实在农村环境保护上有着至关重要的影响。

4. 大力推动循环经济模式

日本是全球最重视循环经济模式的经济体，推行了世界瞩目的政府、企业、民众这三轮驱动的垃圾回收系统。其中宫崎县菱镇是推行循环农业比较早且比较成功的区域（刘渝和杜江，2010）。首先，菱镇以法律为依据，对农村生产生活进行全面的循环经济改造。1988 年出台了《发展自然农业条例》，规定在农作物生产中，不允许用农药、化肥和其他非有机肥料，农作物要达到无化肥、无农药添加残留、无公害。其次，运用循环经济的技术手段，做到废物的重复利用和无害化排放。菱镇将小规模下水道污泥、家禽粪便以及企业的有机废物进行发酵处理，应用产生的甲醛发电，对残留下的渣滓进一步分解，其中固态物质可堆肥和干燥，液态物质重复利用或处理后排放。最后，改造居民生活方式。菱镇定期收集居民的厨房垃圾，统一处理循环利用，制造成为有机肥料用于农作物种植。另一个著名的循环经济示范区是爱东町地区，该地区以油菜为重点发展的农作物，推行循环农业生产模式。榨油后的渣滓可以堆肥或饲料化获得优质的有机肥料或饲料，丢弃的食用油也可再次加工成为燃油。实践证明，爱东町地区循环农业成功实现了农业生产中资源的再利用，大大降低了资源投入和废物的排放，实现了资源最大化利用和对环境的保护。

（四）印度

印度与中国一样，是一个人口大国，也是农业大国。水污染、洪灾和旱灾是当今影响印度社会可持续发展的三大与水有关的"灾害"。印度政府早就认识到水管理对社会、经济发展的重要性，对水环境管理问题的研究脚步从未停下，除去在技术上应用河流连通、雨水续集、人工回灌和盐水淡化等提升水资源利用效率，在农村水资源管理和污染治理方面也不断探索。特别是近十几年以来，印度在治理水环境污染方面进行了大量的投入，出台了如加快推进恒河治理、在九个州内的八大水污染行业执行污水零排放规范等措施（杨翠柏和陈宇，2013），一些具体的做法值得我国借鉴。

1. 制定水环境管理法律体系

自独立（1947 年）以来，印度就结合经济社会发展，不断制定和完善与水资源环境有关的法律制度。1969 年出台了"国家饮用水供水计划"、1972 年出台了"加速农村供水计划"、1974 年出台了《水污染防治与控制法》、1975 年出台了《水污染防治与控制细则》、1986 年出台了"国家饮用水使命"政策、1987 年出台了《国家水政策》等；其中《水污染防治与控制法》与《水污染防治与控制细则》是印度至今水资源法律制度中最主要的两部法律。至 20 世纪80 年代印度已初步建立了水资源管理政策及法律法规体系。《国家水政策》明确规定，有关机构必须定期对全国的地下水资源进行评估，并提出建议。根据这一要求，印度已经逐步建立起一个较为完整的地下水资源调查统计和水位、水质监控网络。从 20 世纪 80 年代末到 21 世纪初，印度的水资源法律制度则进入调整、完善阶段。1988 年修改了《水污染防治与控制法》、1991 年将"国家饮用水使命"进行了微调并重命名。近年来印度政府开始限制使用造成水污染的化肥、农药，对属于"排污大户"的工业企业也发出了限期整改的通知。印度环境部及地下水资源管理局还有权审查所有矿业和基建项目对地下水资源的可能影响，作为政府审批项目的参考。

2. 重视农用灌溉用水技术的推广与公众参与

印度的水利灌溉发展在世界数一数二。印度从很早就开始了农业灌溉，有着发达的灌溉系统，渠道错综复杂，尤其是恒河地区，说明印度向来重视农业灌溉。印度希望通过规模较大的"内河联网工程"实现连接全国主要河流的目的。发达的灌溉体系促进印度农业发展的同时，有利于提高农村地区水资源利用效率，降低农业水环境污染，促进印度农村地区水环境管理。此外，不论是国家还是地方水政策，通常都规定了"受益者及其他利益相关者"参与的条款，旨在在灌溉的管理当中，促进"参与"和"分散管理"之间的联系。其政策核心在于：逐步把灌溉系统转移给使用者，把部分甚至全部的灌溉系统的控制给使用者，让使用者在灌溉管理体系中承担一定的责任。

3. 加快推进恒河流域治污

被誉为印度"母亲河"的恒河曾经在国际舆论中一直是需要"被拯救"的对象，工业废水、生活垃圾、焚尸旧俗等，种种现象令人触目惊心。但是，近年来印度政府相继展开的恒河治污计划正在加速（Hutchings et al.，2016）。一是加大环境污染的投入和制度约束。印度水资源部宣布了更为严厉的"禁排措施"：恒河沿线所有工厂必须配备废水循环利用系统，否则工厂关闭。二是加大治理污染的科学研究。从流域治理来看，恒河所辖的亚穆纳河、拉姆根加河、戈默蒂河与卡克拉河等主要支流都存在不同程度污染，这些河流经过之处正是印度人口最为密集的北方邦、比哈尔邦、新德里首都区等，直接关系到近 5 亿印度人的生活。因此印度政府着手重点治理这些支流的污染问题，从源头控制污染物的排放。此外，为了解恒河流域的污染现状以及成因，印度组织了挪威、美国等国的科学家组成联合考察团展开对恒河污染的调查，从工业生产、社会风俗、自然条件等多个方面入手找到根治恒河污染的方法。三是公众参与对恒河治污有相当大的推动作用。印度《宪法》明确规定了公众参与制度，第 51 条 A（g）明确了每个公民应尽的基本义务"保护和改善自然环境，包括森林、湖泊、河流、野生生物，爱护动物"。基于国家根本大法的规定，不论是国家还是地方水政策，通常规定"受益者及其他利益相关者"应该参与到项目策划阶段中。

4. 建立高级别的集成分散管理模式

为了应对水资源危机，印度成立了国家水资源委员会。该委员会以政府总理为核心，由与水资源相关的其他关联的部和邦的政府官员组成。国家水资源委员会的主要责任是推行和监督国家水政策、审核水资源开发计划、协调各邦间水资源利用的矛盾等。政府中涉水的各个部门各司其责，各有分工，相互配合。水资源部负责灌溉工程建造与管理，农业部负责水土的保持，中央水污染防治与控制局负责水污染控制。此外，政府还设立了中央地下水管理局与联邦防洪局，专司地下水与洪水的管理。职责分明的管理体制，充分发挥不同部门的政策引导及指挥机制，更好地针对印度农业水资源的污染防治、水土保持等实施综合管理。

三、国外农村水环境管理对我国的启示

由上述对美国、欧盟、日本和印度等国家和地区农村水环境管理的分析中可以得出以下结论：一是加强法制建设、完善法律法规体系，是处理好农村环境污染问题的重中之重；二是发展现代生态农业、促进农业产业化经营，是协调农业发展与农村水环境管理的重要战略；三是加强对农村水环境管理的税费补贴政策支持、积极融入社会资本，是改善农村水环境管理的主要经济手段；四是加大科技研发、引导循环农业的规范化实施，是管理农村水环境的技术支撑；五是提高民众参与度、培养农民环境保护意识是推动农村水环境管理的群众基础。

（1）健全农村水环境防治法律体系。无论是美国、欧盟等发达国家和地区还是印度等发展中国家，针对农村水环境污染防治的立法和执法实践都值得我国学习和借鉴。一方面，国家在防治农村水环境污染时应该制定适应国情的环境防治法律，出台门类齐全、操作性强的法规，才有利于各级政府、各部门、公众认识具体的环境保护举措，认识每个人需要承担的责任和义务。另一方面，完善我国农村环境保护的执法环境，合理设立环境执法机构，增加对环境执法资金的财政支持，完善环境执法队伍的建立。

（2）发展现代生态农业。发达国家的循环农业的发展可以推动农业可持续发展，推动对农业非点源污染的治理，促进水生态与农村经济的平衡与发展。我国应该积极转变农业发展方式，向精细型、立体式、综合性等方向升级；推进农业产业化经营，推行专业化生产、规模化建设；落实农业供给侧结构性改革，以市场为导向，设计引导政策，充分发挥新型农村组织的引领作用；完善农村确权与土地流转制度，鼓励农民通过土地使用权而转向收入更高的产业领域。

（3）完善农村环境保护投入机制。农村水环境管理需要资本投入，除了政府加大财政支持，可以学习欧盟一些国家的农村水环境治理的市场化运作模式，充分吸纳社会资本的融入，以提升农村水污染的防治效率。所以，我国政府要增加在农村环境保护领域的资金投入，增加农村地区环境基础设施建设，加强前瞻性研究，改变农村环境保护无计可施的状况。同时，积极融入社会资本，如将环境污染第三方治理机制应用于农村水污染防治工程，加大与乡镇企业的合作，提高农村水环境的治污效率。

（4）建设农业技术服务队伍。农业技术的创新大大促进了农产品产量的提高，也有利于农业污染的控制。但是农业技术创新离不开对研发和人才培养的投入，如美国的精准农业、欧盟的绿色能源农业等循环农业模式的创新离不开本国对于

农业技术的研发和人才培养机制。因此，解决农村水环境问题是一个系统工程，还必须从改变农业生产结构，推进农业技术进步，特别是农业污染治理和处理工程方面的技术创新。因此，国家需要进一步努力促进农村环境保护科技创新，在农村生活污水和垃圾处置、农业废弃物循环使用、农村面源污染防治等关键方面加大研发力度，推动实用技术的应用推广。同时，培养和扩大农业科技人才队伍建设，促进产学研一体化发展。

（5）加强农民的环境保护宣传教育。美国民众主要通过听证会和公民诉讼等形式推动了美国水环境管理立法，日本民众强烈的环境保护意识等促进了日本水环境管理的落实，由此可见，我国农村水环境管理工作的顺利开展需要农民群众的积极参与。我国应提高农民的资源认识、节约和环境保护认识，推动农民积极参加，并定期开办农民环境教育培训，引导农民科学利用化肥农药、推动绿色农业生产等，从而为农村的环境保护工作聚集坚固的群众基础。

参 考 文 献

杜桂荣，宋金娜，肖滨，等. 2012. 国外水资源管理模式研究[J]. 人民黄河，4：50-54.

刘渝，杜江. 2010. 国外循环农业发展模式及启示[J]. 环境保护，（8）：74-76.

王海燕，孟伟. 2009. 欧盟流域水环境管理体系及水质目标[J]. 世界环境，（2）：61-63.

杨翠柏，陈宇. 2013. 印度水资源法律制度探析[J]. 南亚研究季刊，2：87-92.

曾维华，张庆丰，杨志峰. 2003. 国内外水环境管理体制对比分析[J]. 重庆环境科学，（1）：2-4，16.

Brown C A，Pena J L. 2016. Water meters and monthly bills meet rural Brazilian communities：Sociological perspectives on technical objects for water[J]. World Development，84：149-161.

Chesnult T W，Fiske G，Pekelney D M，et al. 2008. Water efficiency programs for integrated water management（PDF）[J]. Journal-American Water Works Association，100（5）：132-141.

Hutchings P，Parker A，Jeffrey P. 2016. The political risks of technological determinism in rural water supply：A case study from Bihar，India[J]. Journal of Rural Studies，45：252-259.

第八章　农村水环境管理体系的构建

一、农村水环境污染防治政策的现状

　　伴随着国内外对农村水环境污染关注的增多，我国的农村环境保护工作也显著增多。"十一五"规划中明确指出，治理农药、化肥和农膜等面源污染，加强规模化养殖场污染治理，推进农村生活垃圾和污水处理，改善环境卫生和村容村貌。"十二五"规划中也提出保障农村饮用水安全，提高农村生活污水和垃圾处理水平，提高农村种植、养殖业污染防治水平，并提出实行农村环境综合整治目标责任制，实施农村清洁工程，开发推广适用的综合整治模式与技术，着力解决环境污染问题突出的村庄和集镇，到2015年，完成6万个建制村的环境综合整治任务。与城市水污染的污染源不同，农村水污染来自特有的农药、化肥等化学品、生活垃圾，以及畜禽养殖业等，我国现行法律在某些方面上也有对应的法规制度来加以限制，不过内容比较粗略，也缺少实际的执行策略或规章，在实际中缺少操作性。政府还出台了《农药管理条例》《危险化学品安全管理条例》等涉及农药、化肥污染的防护问题，但这些条例也都仅作了一些原则性的设定，并无对农药、化肥污染防治的法律制度规定，缺少实际可行的具有可实践性的策略。现有的《水污染防治法》中第47、48条仅仅粗略地对化肥、农药监管制度作了规定，这就使得实际执法过程中管理、使用哪种手段来达标成为难题（于晓曼，2013）。例如，我国现在对农业生产产生的农药残留的监管体系还有很大的漏洞，政府机构对农药残留的检测能力并不强，而农药将会对水环境造成巨大的威胁，这意味着对农药和农产品的包含面不够广泛，对农药残留超标监督力度不足，远远不能满足国际统一对农药残留监督工作的要求。

　　目前，我国农村水环境管理制度仍然存在着明显的滞后性，"九龙治水"生动地表现出当下我国流域管理上存在的"多头管、分散治"的缺陷（黄森慰等，2011）。现在，以辅助性原则为依据设立的多部门、多层次的环境管理体制在实际操作中遭遇很多困难，造成了执法主体势力割据的情况，导致权责不明，权力不能集中，使一些省、市级环境保护专门机构已经成为某些行政机关的附属单位。

　　此外，政府长期以来对城市环境保护的财政投入是相当重视的，但对农村的环境保护却缺少重视，财政投入资金严重匮乏，而如今即使对农村水环境保护的资金支持再多，也无法让农村地区回到当初的生态面貌。可以说，我国的农村水环境公共基础设施严重滞后，大部分的农村水利设施还是在中华人民共和国刚成立的时候修建的，自1978年实施土地改革以来，很少再有大规模水利设施的修造。

总体来说，农村地区很大一部分的水利设施年久失修，很少有大型的水利设施建造，这就会造成降水量少易干旱、降水量多易洪涝的情形。在我国，县级及县级以下的区域大多没有污水处理厂，农村生产生活产生的废水直接排到河水中，这使得农村地区已经很少有清澈见底的河流了。对比城市，农村的水环境保护工业缺少组织、缺少人员、缺少技术、缺少基础，公共基础设施和设备投入匮乏，当前的农村水污染监督主要还是依靠村集体的自发行为，缺少专业的环境保护机构和队伍，水污染监管能力低下。城市已有的环境保护监督部门很难覆盖到广大的农村地区，这使得农村水污染基本处于无人监督的状态。同时，农民的环境保护意识相当薄弱，对水污染的危害了解不够，在权益被侵害时也很难及时采取法律措施，一定程度上纵容了农村环境的违法行为，使得农村污染问题进一步加重。

二、农村水环境管理体系构建的基础

（一）农民增收和农业稳步发展的长效机制

农民与农民组成的家庭是农业、农村经济发展的基本元素，农业增长的基本动力来自于他们。农民的收入水平或财富水平决定了农业生产中基本生产要素和人力资本的投入水平，并最终决定了农业的产出水平。在经济发展的初级阶段，水环境污染与经济发展一般为正相关，很多生产者只看到了当前的利益，却忽视了对资源过度开采、加重环境污染的长远影响。例如，很多人为了谋生私自开采小煤窑、冶炼厂等，但却没有承担环境保护的责任和义务。对于这样的情形，盲目禁止是没有用的，需要切实提高人民生活水平，"仓廪实而知礼节，衣食足而知荣辱"，才能从根本上解决问题。

国家和城市政府在注重经济增长的同时，必须加快城乡结构的调整，加快建立"反哺"农村、农民发展与水环境的政策体系及补偿机制，进一步打破城乡隔离的旧体制，千方百计提高农民收入和福利水平，包括增加农村水环境公共物品的投入；同时通过农业农村发展方式的根本转变拓展农民增收的渠道，提高农民生活质量，减少农业生产中化学品的使用密度，从而使农村地区发挥自身、释放潜力推进经济发展，同时与水环境从背离逐步向协调的轨道发展。

（二）政府对农村水污染防治的重视与财政支持

政策和资金的支持是改善农村水环境目标实现的保障，应当视农村的经济发展与环境保护同样重要，让两者协同发展，实现科学发展。同时还要提高政府财政支农的效率。国家确实花费了巨资支持农业、农村的发展，但农民、农村真正得到的实惠确实不多。从国家财政倾斜向农业拨款到最终资金发放到各个乡村甚至农民手中，这其中经过了很多的环节，昂贵的交易成本等降低了财政支农的效率。中央政府应实行对应的农村环境保护计划，依据区域和流域环境管理的原则，分地区分阶段地防治水污染。同时对基层环境管理人员进行培训并提供良好的技术，对农村项目和区域发展计划推行环境影响评估。

（三）完善的管理监测和法律法规体系

为了防治农村水污染，首先应构建一个防治农业污染的综合协调组织，能联合计划、农业、环境保护、水利、国土资源、财政等多部门参与农村地区的环境保护。其次要完善法律法规，积极修订现有不合理的法规，运用法律手段保护农村水环境。最后，在有了完善的法律法规体系后，要确保严格有效执法，这就需要构建环境执法机构、加大政府资金投入、建设环境执法队伍。

（四）公众参与的农村水环境治理机制

伴随着我国行政体制改革的演进，社会的作用越来越突出，传统的政府主导或政府、市场二元机制，已慢慢变化为政府、市场、社会三元机制。众所周知，传统农村水环境监督体系逐步失效，过于行政化的水环境保护行动策略已经无法满足农村基层社会管理转型的新要求。农村水环境治理需要健全政府主导、市场协调、社会参与三者各司其职而又相互配合、相互补充、协同作用的综合管理体制。

群众参与可将社会因素包含在水资源管理中，协助人们认识到自身行为与环境保护之间的矛盾，协调相关利益群体之间的收益，从而保证环境政策的有效性。

事实上，政府、市场、社区（农户）作为农村现存或正形成的秩序力量，其社会功能都会表现在公共服务社区化上，即政府鼓励和推动组织建立社区内的公共服务事业，市场也会回馈社会，对社区实施社会投资，构建政府、市场、社区相互信任、依赖、合作和制衡的社区公共物品供给结构。若把农村水环境视为公共物品，则其监管和治理是政府自身所难以完全胜任的，因为对农村水环境的公共需求具有多样性和差异性，政府只有与市场、社区（农户）建立起合作关系才能共同完成农村水环境公共物品的提供和维护。

三、农村水环境管理体系构建的原则

（一）兼顾经济发展与农村水环境保护的平衡

正如前面所分析的，经济发展的不同阶段对应不同的农村水环境污染特征，经济发展既会产生污染恶化农村水环境状况，又能提供物质支撑和技术进步改善水环境。在农村水环境的防治过程中，必须兼顾与经济发展的平衡，切不可操之过急，否则会损害经济发展，实际上对环境保护也是有害的；但如果毫不在意，放任农村水环境问题扩大，也不利于经济社会的稳定和谐与可持续发展。所以在治理农村水环境污染的过程中，既要有紧迫感又要有耐心，以稳健的方式逐步推进。一方面，农村水环境保护要讲究经济性，环境保护行动只有在考虑经济性的情况下才是最优的，才能使环境反哺经济，提升国家竞争力才成为可能（Tietenberg，1992）。根据国外的经验，一般人均国内生产总值水平在3000美元左右时，一个国家划拨充足的资金来治理环境才是可能的，此时环境才会得到改善，发达国家开始大规模治理环境的时候人均国内生产总值是3000～5000美元，同时基础设施也得到显著改善，基本实现了工业化目标，而我国是在人均国内生产总值尚未达到这一水平、工业化尚在推进、基础设施也不完善的条件下开始推动环境治理的（杨明和唐孝炎，2002），经济承受能力自然有限。因此，农村水环境污染的防治和保护必须考虑经济发展的状况，与整个农村发展和国家发展的大局相符。另一方面，在经济发展的过程中，不能再重复先污染后治理的老路，发展必须以长久可持续性为目的，必须在包容性和协同性发展的进程中，统筹解决环境问题，助力稳增长、调结构、惠民生、促改革的大任。

（二）兼顾政府、市场和公众的作用

经前面的分析可知，农村水环境污染具有公共物品的属性，产权界定无法明晰，环境污染行为具有负的外部性而环境保护行为具有正的外部性，在追逐个人利益的动机下，环境主体的理性是有限的，加上环境保护信息严重不对称，在农村水环境污染的防治过程中，市场机制是失灵的，这一市场失灵要求政府插手进行干预。同时，由于农业补贴等政策在实际中被扭曲，鼓励农户进行农业生产的同时，农户也产生了加大使用化肥农药等污染物质的动机，出现了一定程度的政府失灵，这说明在一定程度上还是要站在微观生产者和公众的角度从根源上防微杜渐。在农村水环境污染治理的过程中，政府、市场和公众三者各有作用，缺一不可。其中，政府是最主要的负责人，应该担当起领头的任务，在完善农村水环境管理顶层设计的同时引入市场机制如排污权交易、污染者付费等，发动包括农业生产者在内的广大公众，多方发力共同治理。

（三）兼顾整体战略与局部措施的调整

从整体上看，我国农村水环境污染形势较为严峻，这是总的国情，而对这一现象进行剖析会发现在内部结构性的分化非常明显,从污染物的构成来看,总氮、总磷和化学需氧量的污染情况不尽相同,总氮总磷污染较化学需氧量污染趋势更为严重,而从空间分布来看,各个省之间污染的情况也大不一样,根据前面的研究发现,从东到西遵循一条从乡镇工业污染为主到禽畜养殖污染为主再到农业种植污染为主的演化路径。因此,在治理农村水环境污染和构建农村水环境管理体系时,必须树立起以整体框架为方向,局部因地制宜制定细则的思想,既要坚持把控全局的思想和方针,坚持农村水环境保护大的方向不动摇,又要鼓励各个地区根据区域污染特点、地区财政实力、产业人口结构等特点制定符合区域实情的防治措施,将农村地区的水环境污染治理落到实处。一刀切的政策将使农村水环境保护的努力大打折扣,而放任各地区自己行动又将难保政策得到良好的落实,因此兼顾整体战略与局部措施的调整才是将农村水环境保护行动效用最大化的保障。

(四)兼顾城市和农村的利益

农村水环境污染的部分原因在于国家在环境治理方面把人力、物力和财力等投入向城市倾斜,而农村不仅在治理上的待遇大打折扣,甚至还要承担城市污染的转移。农村人口在我国人口中仍占有较大的比重,农村生产承担着我国粮食安全的重大任务,农村经济是我国经济发展亟须拉动的短板,农村市场是我国消费升级下一个将要发掘的蓝海。经济发展、环境保护能走多远均由其短板决定,在改革号召"补短板"的背景下,改善农村环境、发展农村经济也是弥补我国这样一个农业大国发展短板的必要举措。在未来的农村水环境污染防治当中,必须提升农村的主体地位,在考虑城市发展利益的同时兼顾农村发展的利益,在水环境教育、水环境保护投入和水利污水处理设施等方面对农村给予公平对待。

四、农村水环境管理体系构建的内容

在经济增长、农业发展的动态演化过程中,应该主动面对、能动地控制水环境污染问题,从而使社会尽快地达到农业与环境的协调发展。对此提出以下对策。

(一)农村水环境评价体系

农村水环境污染主要是由现代农业生产、工业废水、生活污水等造成的,特征是范围大、数量广、监测治理难度大。为此,监管部门需要制定一套完善的农村水环境评价指标体系来衡量农村水环境保护及防治工作的质量，并且以此为标准来有序且高效地展开农村水环境保护及防治工作（师荣光和周其文，2011）。

研究基于前人的前提，同时对水专项工作的开展和农村水环境管理工作进行实地调研，构建了农村水环境评价指标体系，如表8.1所示。

表 8.1　农村水环境评价指标体系

目标层	准则层	指标
农村水环境	种植业污染控制	有机肥施用情况
		配方施肥推广情况
		秸秆还田情况
		秸秆综合利用率/%
		单位耕地面积农用化肥氮流失情况
		单位耕地面积农用化肥磷流失情况
		单位面积化肥施用与全省平均水平的对比情况
		单位面积农药施用与全省平均水平的对比情况
		农膜回收情况
		违禁化肥、农药施用情况
		节水灌溉率比上一年提高/%
	农村生活污水控制	农村生活污水集中收集情况
		农村生活污水处理率/%
		卫生厕所普及率/%
		农村环境连片综合整治参与率/%
	农村生活垃圾控制	垃圾收集率/%
		垃圾定点存放清运率/%
		生活垃圾无害化处理率/%
	养殖业污染控制	规模化畜禽场排泄物综合利用率/%
		畜禽粪便处理情况
		畜禽污水处理情况
		开放水体水产品养殖情况
	农村水质量监测	总氮指数
		总磷指数
		化学需氧量指数
		高锰酸盐指数
		石油类指数

表 8.1 中反映了监管部门应从五个方面综合评价农村水环境的质量，根据这些指标数据来具体判断农村水环境保护和防治的重点，并继续完善水污染防治。

（二）水污染治理体系

1. 建立农村水环境工程保障体系

（1）优化农村生活生产垃圾的处理模式。农村生活垃圾的构成在近几年发生了相当大的变化，其中煤灰和炉渣的占比大为减少，塑料、玻璃瓶罐等用于食品和饮料的包装物与厨余垃圾的占比则日益增加。随着农民生活水平的提高，农户翻修改建房屋，农村的建筑垃圾也随之增加。针对农村垃圾无序排放的情形，应完善兼具资源废品回收和分类处理的物流再分配功能的农村生活垃圾源头分拣分流收集系统，使之适应农村居住密度的分布，同时有着合理的成本，清洁治理位于河道、路旁和村庄周边的垃圾堆，还可以在有条件的村庄设立垃圾收集点，并进一步在乡镇建设垃圾中转站用于综合处理村镇垃圾，形成生活生产垃圾的处理网络。在生活垃圾收集的基础上，开发适合于农村生活垃圾资源化的实用技术，包括利用垃圾进行沼气发酵、制作堆肥或生产有机无机复混肥等，从而实现垃圾的资源化，使水污染的防治工作可以得到进一步减轻。

（2）优化农村污水处理技术实现污水资源化。因为经济实力、技术手段和技术人员的缺乏，在农村按照城市污水处理体系建设处理设施是不可行的，需要根据农村的具体情况，研发推广适合农村地区的可行的污水处理技术。对人口密度较小、地形复杂、地貌多样以及尾水大部分用于农业生产如施肥灌溉的村庄，适合按户单独收集生活污水，排放时只需采取基本的生态处理。靠近城区的满足市政排水管网接入要求的村庄，适合将生活污水直接排入污水收集处理系统，接入城镇排水管网。对于在水源保护区内且经济比较发达的村庄，适合敷设污水管道用于收集生活污水，排放时采用生态处理、常规生物处理等无动力或微动力生活污水处理技术。与此同时，运用循环经济的理念，在节约水资源的同时，提高中水的利用率，减轻对环境的污染负荷（曹海林，2011）。

在处理工业废水前，需要设立废水回收处理设施，更要从源头上防止污染物的过多排放。因为工业废水种类很多，所以需要针对各类工业废水配置专用的絮凝剂来提高处理的效率，同时节省企业的成本。更重要的是企业需要寻找出产生污染的环节，采取措施控制污染物的排放，从而降低对环境的污染。

（3）推进生态池塘、河道建设。生态和防洪是池塘、河道治理的两项基本目标。治理农村水污染需要科学的方法，需要在给予农村水环境充足的修养时间和空间的基础上，采取生态的修复技术，充分利用湿地的作用。一些经济较为发达的区域运用池塘净化的方法来治理污水，取得了很好的效果，即充分利用村庄地形地势、可利用的水塘及废弃洼地，开发出植物/氧化塘工艺，增加氧化塘的处理效果，防止发臭以及水生植物缺氧死亡，增加曝气过程或水力挺进装置使水循环起来，提高塘中溶解氧，实现污染物的生物降解和氮、磷的生态去除，以降低污水处理能耗，节约建设和运行成本。

对于一些村组河道坝头过多，造成水体流动受阻的，应该全面疏通河流水系。此外，拆除一些使用率较低的阻水坝等水利设施也可以改善农村的水环境，因为这样可以让河水更易于进入环境水系；大力增加外围水系对农村河道的补水力度，使农村污水对水环境的负面影响有一定的对冲，从而缓解农村的水环境。

2. 积极倡导生态循环农业生产模式

生态循环农业是以生态规律为基础的一种农业模式，在这个模式中，物质在生态系统内可以多次循环，从而较大程度地降低农村非点源污染，也具有"两低一高"的优势即低消耗、低排放、高效益。生态农业的发展需要将种植和养殖相结合，达到资源的优化利用。例如，利用杂草、落叶、秸秆等发展养殖业，通过粪尿、塘淤和秸秆还田等发展种植业。这样可以充分发挥循环经济的作用，达到可持续发展的目的。

（1）合理施肥。据调查了解，我国目前化学农药利用率低的主要原因是用药不当和施用方法错误。应大力推行成熟的施肥和施药技术，增加化肥和农药的效率，减少化肥农药进入自然水体。在农业生产过程中减少农药和化肥的使用量，改进施肥方式，调整化肥品种结构，充分利用自然资源和立体生产技术，根据农田的特征，以有机肥为主，实行配方施肥、定穴施肥、深层施肥，使土壤肥力不仅宜于作物生长，还可以合理控制肥料流失的情况，从而在一定程度上减少水环境污染。积极推广成熟的化学品使用技术，发展低毒、高效、低残留量新农药，建立农药化肥清洁生产的技术规范，鼓励生产高效、长效、低残留的化肥、农药产品，提高施药技术，合理施用农药；同时开发、推广和应用生物防治病虫害技术，利用益虫、益鸟等害虫天敌减少农药用量。

（2）提高有机无公害农产品的种植。提倡综合治理，降低化肥农药的使用量，同时结合休耕、免耕以及相关耕作方法来进行农田的保护。有机、无公害的粮食、蔬菜、水果、茶叶等产品具有较高的市场价值，值得提倡种植。同时，要将农产品的种植和地方特色相结合，充分发挥区域优势，打造依托相关龙头企业来发展绿色有机食品的种植。绿色有机食品不仅是为了减少对当地环境的污染来实现可持续发展，更是保证食品安全的一项重要举措。

（3）实施科学养殖，发展清洁生产。合理的布局和控制是科学养殖的关键，畜禽养殖场地应该远离居民区和水源地，此外，需要根据粪污处理能力来合理控制畜禽养殖规模。在饲料方面，要使用有机饲料喂食畜禽，同时做到不使用添加剂，从而避免对水环境造成较大污染。科学改进清理畜禽粪尿方式，减少污水的产生，从而减少粪尿等对农村水环境的污染。合理利用畜禽粪便而不是浪费，畜禽粪便可以用来生产有机肥和沼气，达到废物的循环利用；同时规定污水必须经过妥善处理后才能排放。

（三）农村水环境管理体制

1. 建立污染监测管理体系，各部门联合机制，全面监测农田环境容量、耕地质量和水环境质量

农村环境状况调查是一项基础性工作，是科学解决农村环境污染问题的前提。应加快进行农业污染环境状况的调研，同时逐渐完善农村的环境污染监督体系，从而为政策和决策的制定提供有效的帮助。与此同时，各职能部门要加强合作、互相配合，明确各部门的职责分工，提高工作效率，努力形成齐抓共管的良好局面。水务与发改、财政联动：水务部门主要负责农村水务的建设和发展、项目的计划和审查、工作的组织和实施，发改部门负责项目的立项与批复，财政部门负责助资金的管理和安排，用于支持水务建设。水务与卫生联动：水务部门和卫生部门分别负责供水的总体管理和水质监督。水务与环境保护联动：水务部门和环境保护部门分别负责水环境的治理和考核。水务与农业、园林联动：水务部门和农业、园林部门分别负责节水建设和节水的方法与举措。

2. 实行对流域的综合规划与管理

近些年来，我国水污染流域性特征日趋明显，而且已经成为制约我国流域可持续发展的重要影响因素。基于循环经济学的基本规律以及流域管理的相关原理，欧盟以及北美等国家和地区大都选择以河流流域为单元，制定严格的环境法规以及出台一系列环境保护政策，对流域进行综合规划治理。我国建立了包括长江水利委员会、珠江水利委员会等综合流域管理机构，但其作为事业单位，往往缺乏监管地方水资源开发、利用以及保护的权力，仅仅在洪水危机应对中起到一定的作用，难以在水环境污染防治方面发挥实效，缺乏一套综合集成的水环境治理与管理体系。我国应尽快在非点源污染严重的区域以流域/河网为单位，进行综合规划治理，完善行政管理结构，起到实实在在的作用。

3. 政府发挥主导作用，落实责任制

首先，政府应该充分发挥投资过程中的主导作用，可以通过设立农村水环境保护专项基金以及水环境基础设施建设专项基金的形式创新实践市场化运作模

式。拓展投资渠道，鼓励农民群众投工投劳，积极参与工程建设，同时利用市场机制，制定优惠政策，吸纳个体工商户、私营企业等社会投资，建立并健全农村水环境保护与治理的多元化投资机制。其次，政府应该统筹安排，高屋建瓴，依托本地发展实际以及生态规划布局，实现企业与乡镇规划的协调发展。最后，政府要把解决农村水环境问题作为工作考核的主要指标。环境问题很容易被急功近利的个别领导干部忽视，而对明知会造成严重污染的企业撑起保护伞，任其发展。在此背景下，有必要将环境保护工作纳入到地方政府绩效考评体系当中，并加强考核管理与监督。例如，农村污水管网建设指标要列入镇、街以及村干部阶段性考核目标之中，与个人奖金福利直接挂钩。而且还有必要明确各个部门的工作职能，国家环境保护督查办公室以及水务等部门对考核的核心指标重点督查，定期跟踪，保障工程的快速推进，避免"九龙治水"的情况出现。

4. 建立农民用水者协会和公益组织参与农村水环境治理模式

我国农村水环境治理任务具有长期性、艰巨性以及复杂性等特点，这与我国特定的自然地理条件与经济社会条件密不可分，进一步推进农村水环境治理需要政府加大对水利设施建设的力度，此外，公共参与机制的完善以及公共意见的表达也是保障农村水环境建设的重要支持力量。

作为农村水环境的参与主体，农村的主观能动性的调动是解决问题的关键。通过成立农民用水协会，依法采用民主自治形式选举产生用水代表与执行委员会，保障农民充分参与和知情权，通过加大宣传，让用水户对协会的职能以及性质充分了解，明确个人在协会中的权责义务，提高个人环境保护与用水管理意识。

作为社会利益的稳定剂以及调节器，公益组织能够通过搭建公益平台汇集社会资源并履行公益使命，并将其传递到公益目标受众群体，解决了大量的助贫解困、防病救灾等社会问题。与政府相比，在权力配置、资金规模、地方专业化程度等方面，公益组织明显缺乏优势，但也表现出了开放性、灵活性以及多元性的公共管理文化特征，涉及规划、决策、执行以及监督等多个方面，通过搭建公共参与舞台，发挥农民自治，与政府职能部门形成了良好的补充关系。公益组织透明化运作以及保持信息公开是高效运行的前提，有必要建立问责制，通过自上而下的方式对项目资金的使用以及管理进行公开，并接受第三方财务审计，而且项目捐赠者也可以通过实地考察以及互联网平台查询的方式对项目进行监督，在很大程度上提高了项目的公信力。

（四）农村水环境政策法规制度

1. 消除农村水环境保护弱势，提供专项资金保障

作为农村水环境保护的重要主体，政府应该尽量消减城乡分治所带来的农村

水环境保护重视不足的问题，一个重要的突破口就在于水污染治理建设资金的补偿资金的落实，政府应该尽快改变当下水环境治理专项资金补偿不足的现状，进一步加快农村水环境保护投融资体制机制改革以及创新运行管理机制，出台促进"两型社会"建设的税收与消费政策。通过对化肥、农药等对环境产生严重负外部性后果的产品课税，并且对使用有机肥和进行生物农药的研发行为进行补贴，来促使农民合理施用化肥、农药，并将税收作为农业面源污染防治的专项基金，用于补偿和奖励一些研究、开发、使用农村水污染防治技术与措施的行为。通过经济激励制度鼓励企业对畜禽粪便资源进行回收利用，对生产肥效高的有机肥料的企业在税收、信贷等方面给予优惠的政策。进一步完善农产品环境标志认证制度，基于国际质量组织的认证办法，成立专业第三方农产品质量认证机构，保障质量认证的独立性以及客观性。进一步完善农村水价形成以及排污收费制度，对农村非生活供水价格与污水处理费进行适当调整，阶段性提高水资源费的征收标准（白爱敏，2011）。结合农村水污染的时空布局特点，针对性地确定农村排污收费的模式，例如，对分等级与分项目的污染收费，适应性地采用农村集约化的蔬菜种植以及畜禽养殖等排污收费模式。加大对污染企业的监督力度，一旦污染企业排污达不到排放标准或者要求，通过采取罚款以及行政处罚的方式勒令其停产整顿。进一步尝试将农村污水处理费作为行政事业性收费由地方政府强制征收，纳入地方财政专户管理。排污费必须建立专门的财政账户，一费一用，保障水污染治理费的财政资金利用效率。

2. 加强法制建设，完善农村水环境污染管理法律体系

法制建设的增强和体制的健全，对于农村环境污染问题的控制尤为关键。法律是最为有力的措施，它以明确的权利义务为基本内容，以其本身所具有的普遍约束力和高度权威性，可以合理分配农村环境利益与保护农民环境权。根据国家实际情况，实行适宜我国实际情况的法规体系，不断完善立法，出台种类完备、操作性强的法规，从而有效地控制我国农村水环境污染（刘颖，2011）。

（1）完善环境基本法中关于农村水环境污染防治的规定。《环境保护法》规定了农业环境保护的内容，但规定很粗略，并未将农村水环境污染的主要污染源纳入法律规定之中。并且，将乡镇企业污染放入大中城市工矿企业污染之中，未充分考虑其特殊性。因此，应在环境保护基本法的"农业环境保护"中将农村水环境污染的四大主要污染源头以基本法的形式予以明确，指导其他相关法律规范对农村水污染的防治。同时，现行《水污染防治法》的相关内容仅涉及关于含病原体污水排放、企业输送或贮存污水的一些规定。故在《水污染防治法》中"农业和农村水污染防治"部分应当增加畜禽养殖对地下水和地表水的污染，扩大法律对畜禽养殖污染的规制范围。此外，对于乡镇企业污染和农村生活污水污染也应

作出明确规定。《中华人民共和国固体废弃物污染环境防治法》中仅就城市生活垃圾作出明确规定，对农村生活垃圾没有规定。应以城乡环境正义与保护农民环境权益为指导思想，将农村生活垃圾污染防治的相关行为人以及乡政府和村民委员会的权利义务加以明确。

（2）进行农村水环境污染防治的专项立法。由国务院或环境保护部与农业部共同制定专门针对农业污染的行政法规，即控制农田施肥的时间、类别和数目以及具体的执行措施，对农业生产活动中的行为等应用行政法规或规章进行规范和管理。此外，还关系到农业面源污染中主要的污染源：化肥和农药的专项立法，将法律法规制定得详细而且要尽可能地量化。为了使相关农村环境保护法律、法规能够得到具体实施，制定相适应的农村环境标准是一个关键的环节。应当针对农村水污染的类型制定专项的防治农村水污染的具体细致的标准，如制定并完善无公害农产品及化肥、农药使用规程的相关标准等，进一步细化我国《畜禽养殖业污染物排放标准》（GB18596—2001）。在现行《中华人民共和国乡镇企业法》中增加关于乡镇企业污染防治的法律规范，如适合于乡镇企业的专门法律制度、污染物排放登记制度、农村水环境监测制度、代履行制度等。

（3）以立法的形式明确村民委员会在环境监管方面的具体职责。为了充分发挥村民委员会的作用，应以立法的形式明确村民委员会在环境监管方面的具体职责。例如，规定村委会应当协助乡镇人民政府开展农村环境保护工作，配合政府开展农村水环境监测与调研工作，协助政府做好农村环境信息公开的具体工作；组织涉及农村环境公共卫生的活动如生活垃圾的收集、处理等；协助乡镇政府开展水污染防治的工作；制定环境保护的乡规民约；对农村的水环境污染信息及时公布等。从而提高农民的自主能动性，从村民的共同利益与共同需要出发，有计划地引导村民共同参与，使自己的努力与政府联合，改善农村水环境。

（五）环境意识教育制度

在农村及偏远乡镇，信息交流非常困难，同时囿于教育，农村居民的环境保护意识一般都远低于城市居民，而地方政府也未对控制水污染问题进行效果显著的宣传。因此，农民进行正常的生产生活，产生了污染，但是因为缺乏过量施肥会污染环境甚至影响经济发展水平的意识，并没有减少过量施肥的意识和行为激励；同时，并未采取积极的措施去控制环境污染。农村居民的环境保护意识是控制环境污染的关键，居民环境保护意识的强弱直接决定了国家环境保护事业的成效。要做到增强农村居民的环境保护意识，提升农村居民环境道德水平，最重要的便是积极开展环境保护教育，采用各种途径加强环境教育的强度，从根源上让所有人有着强烈的环境保护意识和环境责任感。

　　可以利用基础教育、大众传媒、街头巷尾的宣传等简单的手段，对农村居民进行农业环境保护的宣传和培训，积极引领农村居民树立环境保护意识，在日常生活中就做到尽量减少污染，促进环境保护。还可以利用书面宣传方式，政府人员组织编写与农村生活息息相关、简单易懂的环境保护宣传手册和生动形象的宣传画，使所有农村居民都能认识到现在农村地区存在的环境污染问题及其带来的严重影响，从而做到在生产生活中注重环境保护。

　　与经济发展不同，水污染的防治与解决不是立见成效的，而是存在一个较长的过程，这需要每个成员把环境保护贯彻始终。我们要注重宣传鼓励方式方法的改变，不可以再简单采取以前那样填鸭式、单向灌输的途径，要让农村居民意识到，他们是环境保护工作的重要参与者，从被动接受宣传到积极主动地接受甚至参与宣传教育。在农村地区，建立农民合作组织，这能使农民主动参与规则的管理修正和水环境检测，增加农村居民在水资源利用与保护中的决定性作用。在宣传环境保护中，应该在传统方式上加入"参与式"的新方法。例如，利用广大高校的教育资源，组织教师或学生下乡，开展农村环境保护义务宣传工作，同农民在一起共同学习探讨环境保护的方法和重要性，这样做既能提高农民环境保护的参与性，还能减轻政府对农村的教育投资，为广大师生提供宝贵的实践机会和实践经验，更重要的是能增强农民对水环境污染的认识，提高农民的环境保护意识。同时，与公益组织和社会团体如工会、科学技术协会等合作，以农村居民喜欢的形式，举行环境保护知识宣传。政府定期组织农药化肥科学施用方法的讲座或学习班下乡，让农民掌握正确的使用方法，从源头上控制农药和化肥的大量使用，保持农村良好的水体环境。

（六）完善流域生态补偿标准

　　我国地方流域生态补偿政策实施时间多集中于 2006～2010 年，仅有贵州、湖南、福建、江西四省份的政策于 2010 年后实施，而河北省 2012 年实施的《关于进一步加强跨界断面水质目标责任考核的通知》则是对已有的生态补偿政策的修订和完善，《太湖流域管理条例》也是在江苏省对太湖流域环境资源区域补偿试点的基础上予以政策规制。2006 年和 2010 年是我国"十一五"规划的起止时间，期间将许多流域水污染防治规划目标与地方政绩考核挂钩。地方政策紧随国家总要求予以贯彻实施，有利于促进流域水环境的综合管制，但同时政策的不延续性将不利于开展流域生态补偿的可持续性工作。流域生态补偿标准的动态性调整因地方政府领导缺乏相应的政策激励机制而予以懈怠，标准的滞后将难以应对现有的流域补偿实践。

　　现有政策规定了各地流域生态补偿实践的目标及原则，而对于标准的规定则粗略不同，范式不一。一方面，支付补偿金的起因，条文规定多囿于"水污染""污染减排不达标""污染造成水质达不到控制目标"等字眼，即大部分省份（如陕西省）界定流域生态补偿仅限于一种赔偿责任。另一方面，支付补偿金的对象，我国流域生态补偿主要考核断面水质情况，而补偿金的支付主要也是上游单向支付下游，仅仅规定上游因水污染而对下游的治污损失予以赔偿。例如，《浙江省跨行政区域河流交接断面水质监测和保护办法》中第二十条规定："因河流上游地区污染造成下游地区水质达不到控制目标且造成严重后果的，或者因上游地区水污染事故造成下游地区损失的，由上游地区负有责任的人民政府和有关责任单位依法承担赔偿或者补偿责任。"仅有《太湖流域管理条例》《湖南省湘江保护条例》中就下游对上游达标行为予以补偿进行了规定。所以，我国现有地方流域生态补偿标准主要是一种上游对下游治污不达标的赔偿责任。而未超标污染的行为则往往不会予以补偿，即使上游牺牲自己的发展机会也未能享有国家政策补偿，这种单向性规定与本书界定的流域生态补偿背道而驰（李雪松等，2016）。

　　我国流域生态补偿标准的制定以可操作性为原则，比较主观化。补偿核算方法多局限于治污成本与损失。其计算方法主要有：一是根据断面水质监测实际值与目标值的差额乘以水质水量修正系数。例如，《江苏省环境资源区域补偿办法（试行）》第十条规定："按照水污染防治的要求和治理成本，环境资源区域补偿因子及标准暂定为：化学需氧量每吨 1.5 万元；氨氮每吨 10 万元；总磷每吨 10 万元。单因子补偿资金 =（断面水质指标值–断面水质目标值）×月断面水量×补偿标准。补偿资金为各单因子补偿资金之和。"二是以所监测的数值与标准值比较进而累积扣缴补偿金。例如，《辽宁省跨行政区域河流出市断面水质目标考核暂行办法》第九条规定："辽河干流（包括辽河、浑河、太子河、大辽河）超标 0.5 倍及以下，扣缴 50 万元，每递增超标 0.5 倍以内（含 0.5 倍），加罚 50 万元。"三是直接规定扣缴和补偿的资金额度。例如，山西省《省财政对地表水跨界断面水质考核实施奖惩》中规定："一、水质不达标的市（县）扣缴生态补偿金。考核断面的化学需氧量、氨氮监测浓度均不超过考核标准，不扣缴生态补偿金；超过考核标准 50%及以下、50%至 100%（含）、超过 1 倍至 5 倍（含）、超过 5 倍至 10 倍（含）、超过 10 倍以上的，分 50 万元至 300 万元五档扣缴生态补偿金。同一市（县）范围内，所有考核断面生态补偿金按月累计扣缴。二、水质达标或改善的给予生态补偿奖励。在无入境河流时所考核断面 COD、氨氮的实测浓度值与考核目标相比保持或改善的断面给予奖励。保持水质目标奖励：连续三月水质保持考核目标的，奖励 10 万元；全年水质保持考核目标的奖励 100 万元。水质改善奖励：当月比上年同期实现水质改善时给予奖励，由不达标到达标奖励 100 万元、达标后跨级别奖励 50 万元、三类水以上跨一级别奖励 20 万元，同一断面累计奖励。"综上所述，尽管计算生态补偿金的方法多样化，但是其补偿额度则以治污成本与损失来度量，而充分考虑到生态建设成本或价值贡献度的则鲜见于少数省份。例如,《福建省政府关于实施江河下游地区对上游地区森林生态效益补偿》的通知中规定综合考虑生态区位对流域的贡献承担补偿金。这种欠缺激励机制的补偿金核算标准,难以有效支撑国家流域生态补偿政策的生态效益和经济效益。

我国尚未出台专门性、统领性的生态补偿法律法规,有关生态补偿的立法只是散见于环境保护基本法、一些自然资源和环境要素污染防治单项法律法规以及一些部门法中。现有地方政策文件的法律效率低,难以指导跨省流域的生态补偿工作。例如,长江经济带所包含的 9 省 2 市,这 11 省市间的生态补偿问题的法律规制尚处于空白,其中《江苏省环境资源区域补偿办法(试行)》《浙江省生态环境保护财力转移支付试行办法》等规定了省内生态补偿办法,但是位于长江上游的四川、中游的湖北、下游的上海等省级的政策中有关长江流域生态补偿标准却没有相关规定。长江流域生态补偿标准的统一,有利于加快构建长江经济带跨省域的生态补偿机制,有利于理顺长江上中下游各省份之间的生态关系,有利于长江全流域经济社会的全面协调可持续发展。对于如此大范围,众多利益主体间的流域生态补偿的标准亟待确定。

1. 实现补偿标准动态化

标准的合理化关乎流域上下游利益相关方(上下游政府、农户、企业等)参与流域可持续发展的积极性。现有地方省份流域生态补偿政策基本形成于"十一五"规划期间,但政府后续修订补偿标准的活跃度降低。补偿标准的制定应适应不同阶段的特点,具体考虑经济发展、生态保护成效等因素,实现动态化调整。标准的稳定性有利于指导被执行人行动,并对行为后果形成理性预期,但是,我国流域生态补偿标准实践正处于起步探索阶段,许多试点的补偿模式尚未达到全国推广阶段,而已有的标准随着流域地区经济发展和生态补偿活动的深入将不合时宜,故现阶段的流域生态补偿标准应实现动态化调整。

2. 实施互动双向机制

流域上下游间不仅只存在上游致下游污染的损害赔偿责任,而且还存在下游因上游采取有效的生态保护措施而享受良好的生态服务的补偿责任,政策制定者应统筹惩罚与奖励机制。流域生态补偿标准的制定需考虑补偿双方的有机互动,坚持"谁保护谁受益、谁污染谁治理、谁受益谁补偿"的原则,落实保护者受益、损害者赔偿、受益者补偿的机制。补偿标准可采用双向激励方式的奖优罚劣策略,同时,上下游间可协商制定水质协议,弥补上游履行生态保护义务的直接成本和间接成本,如鼓励异地开发政策,即上游在下游设立开发实验区,下游在招商引资、土地使用等方面给予政策优惠。流域系统的整体性和可持续性要求相关利益主体各尽所能，各司其职，而补偿标准既应威慑污染者的排污行为，也应给予生态服务提供者相应的政策支持。

3. 构建科学合理的核算方法

根据我国环境保护部环境规划院 2009 年制定的《流域生态补偿和污染赔偿试点方案设计指南》（试行版本），跨界流域污染赔偿应优先选择基于水质水量保护目标的标准核算方法；跨界流域生态补偿应优先选择基于生态保护成本和污染治理成本的标准核算方法；水源地保护的生态补偿则优先选择基于发展机会成本的标准核算方法。其中，基于水质水量保护目标的标准核算方法包括基于流域上下游断面水质目标和基于流域上下游断面水污染物通量两种模式。程斌等认为我国有 8 个省份采用了基于流域上下游断面水质目标的核算方法，而只有江苏、河南、贵州采用了基于跨界超标污染物通量的补偿标准。综合考虑提供生态环境服务效益的投入成本测算的省份只有浙江、广东、辽宁、福建、江西和山东。针对不同的流域生态补偿类型适用不同的核算标准，但梳理我国已有的地方政策可知，并未将发展机会成本纳入对水源地的补偿范围。针对政策的修订，应重点借鉴主要的核算方法，充分开展实地调研和试点示范工作，结合各省水质水量绩效考核要求和地方财政能力，制定一套科学合理的核算方法。

4. 跨界流域生态补偿标准统一化

统一跨省流域生态补偿标准，一方面，从立法上填补部分省份流域生态补偿标准的空白，另一方面，充分考虑各省在自然条件、区位因素、资源基础、生态环境和基础设施等方面的差异性。统一流域生态补偿标准，可从以下三个层次着手：一是构建综合协调机制。积极搭建协商平台，如联席会议、流域开发管理委员会，多方面考虑省际相关利益分配，确立流域生态补偿的多元动态决策模式。二是落实流域生态补偿核算标准。在发展权与环境权的抉择下，遵循发展机会均等和发展惠益共享的原则，以机会成本法量化补偿额，同时结合意愿调查价值评估法统筹考虑赔偿主体与受偿主体（流域上下游政府部门、农户、企业）的预期意愿，初步确定核算标准并在各省市发布和实施。三是积极开展试点工作。例如，全国首个跨省流域，即新安江流域的生态补偿机制试点经验，有利于跨省流域生态补偿标准的统一和推广。

参 考 文 献

白爱敏. 2011. 我国农村水环境污染防治制度研究[D]. 郑州：郑州大学.

曹海林. 2011. 农村水环境保护：监管困境及新行动策略建构[J]. 水工业市场，（2）：44-49.

黄森慰，卞莉莉，苏时鹏. 2011. 农村水环境研究文献综述[J]. 河南科技学院学报，（5）：49-52.

李雪松，吴萍，曹婉吟. 2016. 我国流域生态补偿标准的实践、问题及对策[J]. 水利经济，34（6）：34-37.

刘颖. 2011. 我国农村水环境污染防治立法问题研究[D]. 沈阳：辽宁大学.

师荣光，周其文. 2011. 农村水环境管理绩效考评指标体系的构建与思考[J]. 农业环境与发展，（6）：7-10.

杨明，唐孝炎. 2002. 环境问题与环境意识[M]. 北京：华夏出版社.

于晓曼. 2013. 中国农村水环境问题及其展望[J]. 农业环境与发展，（1）：10-13.

Tietenberg T. 1992. Environmental and Natural Resource Economics[M]. New York，NY : HarperCollins Publishers.

第九章 结论与展望

一、结论

本书从评述我国水环境整体安全情况入手，首先，定性和定量地刻画我国农村水环境污染的现状和时空演化轨迹，深刻地展现我国农村水环境污染的情况；其次，通过理论阐述和实证检验，分析了宏观经济发展与农村水环境污染之间的相互作用机理；再次，分析了微观经济主体，包括农民、企业和地方政府的经济行为与农村水环境污染之间的关系；最后，分析了现行制度安排，包括政策（环境政策、农业政策、公共政策）、法律、体制、机制和文化意识，对农村水环境变化的作用和影响。并进一步总结了国外农村水环境管理的经验，寻求农村水环境管理体制机制设计的依据和政策空间，构建了符合我国国情的农村水环境管理体系。经过这一系列的研究，得出以下主要结论。

（1）我国整体水环境质量仍不容乐观，受环境变化的影响，自然水环境波动异常难以掌控，人为造成的水安全威胁也时有发生。然而，随着经济社会的进步和水安全得到的关注日益增加，近年推进的大力整治初见成效，总的来说水安全还是呈现出一定的改善趋势。农村水环境作为水环境的一部分，既有顺应大潮流的方面，又呈现出明显的局部特征。一方面，农村水环境污染受益于乡镇工业的逐步取缔或迁移，表现出了以化学需氧量污染减少为代表的改善趋势。另一方面，受农村水环境污染顽固久远难以治理，且整治措施倾向于偏好城镇等因素的影响，农村水环境污染虽然在个别污染物上表现出了减少的势头，但各省的情况仍然参差不齐，并未达成各省全面改善的局面，同时其他污染物无论是在全国总量上还是在各省域空间上都呈明显的增长趋势，我国正面临着持续上行的农村水环境污染压力。

（2）从宏观的角度来看，在我国，农村水环境污染物总氮、总磷和化学需氧量与农村经济增长之间存在倒 U 形曲线关系，环境库兹涅茨曲线理论在农村水环境领域有一定的适用性。目前我国绝大多数省份还没有达到农村水环境污染与农村经济增长关系的转折点，未来农村水环境污染还将进一步加剧。此外，城乡收入差距的缩小在短期内无法起到改善农村水环境的作用，反而会加剧其污染程度；农业经济比重的降低会加剧农村水环境的总氮和总磷污染，但有利于减少化学需氧量污染；以农业生产资料价格提高为代表的农业生产成本的增加有利于遏制农村水环境的总氮和总磷污染，但同时会加剧化学需氧量污染。

（3）从微观的角度来看，首先，农民的环境保护意识影响着农村水环境资源的利用，如果农民环境保护以及水患意识不能增强，那么农村水环境污染问题就不能彻底解决。其次，农民生产行为中存在农业污染成本外部化和对水环境利用效率低的弊端，优化农民行为是改善农村水环境的切入点，进一步从农民生产目标、农民土地经营以及农民经营组织与农村水环境污染的关系来看，在农产品价格平稳、生产资料价格不变以及农业生产技术平稳的基础之上，政府的农业补贴政策以及惩罚性措施将会迫使农民考虑农业生产的生态价值以及社会价值，同时，农民对公众环境利益的考虑将会使农田边际生态服务价值上升，农民农田利用将会倾向于采用环境保护型的基本模式；农业经营缺乏集聚化、规模化以及标准化的产业化发展路径，导致了农村环境的急剧恶化；农业经营组织的多样化导致农业水环境污染的差异性；扭曲的农产品和农药投入品价格的有关政府政策也在很大程度上改变了农民的生产行为，导致政府失灵。再次，农民家庭消费对水环境污染包括直接的污水排放，以及间接的生活垃圾渗透等。源头控制、集中处理以及生态补偿是实现生活垃圾高效处理的基本模式。最后，工业生产活动对农村水环境的污染源于乡镇工业及城市工业转移两个方面。

（4）从制度层面来看，一方面，农村水环境具有非排他性以及非竞争性，是典型的公共物品，且因为农业生产的私人成本低于社会总成本而具有负的外部性，此外在农村水环境污染治理中还存在信息不对称的弊端，因而会诱发市场失灵。另一方面，政府在农村水环境污染治理上存在激励约束机制不健全、地方政府短视行为以及农业政策和环境管理政策失灵等问题，因而存在着政府失灵。

（5）在国外的农村水环境治理中，发达国家主要采用了给予补贴、环境资源税、排污交易制度、押金制环境损害责任保险制度、鼓励金制度等经济工具以及注册登记制度、禁令及许可证制度、标准的制定和配额等行政工具。总结美国、欧盟、日本和印度的农村水环境治理经验可以发现：健全法制建设、完善法律法规体系，是治理农村环境污染问题的根本。此外，提供补贴、税收、优惠贷款等政策支持、发展循环经济、注重基础研究、技术创新和成果转化、推广环境保护意识教育等措施也是治理农村水环境污染的有效方法。

（6）目前，我国农村水环境管理制度仍然存在着明显的滞后性，存在对农村的环境保护缺少重视、对农村水资源保护资金投入不足等诸多问题，因此，才会造成目前农村水环境污染形势严峻的局面。农民增收和农业稳步发展的长效机制、政府对农村水污染防治的重视与财政支持、完善的管理监测和法律法规体系与公众广泛参与构成了我国农村水环境污染防治体系的基础。因此，首先，可以通过开展农村水环境污染评价工作来监测农村水环境污染的状况。其次，在治理农村水污染上，要优化农村生活生产垃圾的处理模式，提高农村污水处理技术实现污水资源化，推进生态池塘、河道建设；要倡导合理施肥，大力发展有机、绿色、无公害农产品，实施科学养殖，发展清洁生产,积极推广生态循环农业生产模式。再次,在构建农村水环境管理体制上,要建立污染监测管理体系各部门联动机制,全面监测农田环境容量、耕地质量和水环境质量;政府要发挥主导作用,落实责任制;要构建政府、农民用水者协会和公益组织、个体公众三方联动参与的农村水环境治理模式。最后,在农村水环境政策法规制定与实施上,要着力消除农村水环境保护弱势,提供治理保障;要完善环境基本法中农村水环境污染防治的规定;要进行农村水环境污染防治的专项立法;还应该以立法的形式明确村民委员会在环境监管方面的具体职责。此外,加强公众尤其是农村居民的环境意识教育也是农村水环境污染治理措施的重要方面。

(7)从现有的农村水资源管理情况来看,要想取得农村水环境的好转,必须要有包括来自中央和地方政府强有力的政策支持,在这样适当的政策鼓励下,推动有效的环境技术和信息资源的利用,加强持续的环境能力建设活动,并且加大广泛的国际合作。尽管从现实的操作中已经取得了一些进展,但是一些常见的障碍,如完善的制度框架建设不够、对农村环境问题的基本认识不足以及技术和资源的广泛缺乏,仍然是解决农村水环境问题的难点。因此,必须综合考虑各方面因素,为解决上述所有问题提供适当的措施。

第一,应该启动制度改革。动员各方面、各部门的力量,确保为促进我国农村水资源管理共同努力。一种方式是在政府的支持下建立圆桌模式,将各个方面不同的利益相关者组织起来,包括农民、政府、企业等,建立一种对话机制,协调各方利益,同时也可以创造用来交换信息和反馈的机会,获得资金和人员支持,对潜在的冲突进行谈判。尤其是这样一个通道可以促进相关政策的讨论,解决新出现的问题。通过举办定期会议的方式,既能够交换各方的成就和经验,也可以保持这种圆桌会议稳定持续的功能。

第二,应当对当前的水资源管理相关法律制度加以修订,以适应新的变化。创新可以为节水提供激励的政策制度,提高对农村水环境治理工程的财政援助和协调力度。例如,建立一个新的安全饮用水法律法规,要求在中国农村供水应该符合国家饮用水标准,农村人口可以获得安全的饮用水。全面改善地方水利基础设施,加强项目设计和施工的监测与监控,建立可持续的运营管理体制。同时,由于中国区域发展的不平衡,政策应当从当地出发更具针对性。在缺水地区强化节约用水政策,如应当鼓励控制灌溉用水、发展雨水收集和重复利用,以及治理废水循环利用等,而在富水地区,应当更多地关注水环境质量的改进,如采用更加先进的水处理技术和实施更严格的水质监测。此外,尤为重要的是,相关的制度规定能够更有效地得以执行。因此,决策者需要设计更有用更合理的政策工具。例如,在政绩考核体系中添加体现环境绩效的指标,以评估政府官员的总体政治成就。

第三,应该采用经济手段提高农村水资源管理效率。不同于执行环境法规这样的"大棒"政策,经济工具可以视为"胡萝卜"政策,能够为从业人员提供更好的激励。常用的经济工具包括水价、用水配额和污水、废水排放权贸易。目前，我国的水价没有包含水资源费，只有覆盖与水相关的采集、水利基础设施和水处理的成本。没有考虑水资源费，这种定价体系不能反映水资源的真实成本。因此就无法驱动用户有足够的动力去保护水资源。因此，必须进行水价的调整，形成激励机制，促进水资源保护。用水配额是另一种有效的工具。特别是在水资源短缺地区，有限的水资源可以根据用水户自己的基本需求公平地分配到水。水配额制度的成功实施取决于地方政府水资源管理机构使用的计划用水系统。这个系统设置了一个用水量超过给定的配额就实施惩罚的机制。这种制度可以鼓励用水户应用最先进的节水技术，寻求潜在的循环水利用或回收再利用机会给予其他用户。如果用水户超过了用水限额，超过的部分的使用费用将是限额内的几倍甚至更多。因此，污水、废水的排放贸易都是非常有效的经济工具，可以用来恢复由管理部门承担的污染控制成本，改变用水户的行为，为水资源管理筹集资金。例如，这些费用可以覆盖污水处理的费用、清洁生产和相关的研究活动，为一些大型用水户补贴节水设备，以及监测成本。废水排放交易可以通过透明的营销机制控制总用水量。这样的措施会促使用水户寻求可能的节水措施，同时激励那些不受限制的用水户采取适当的行动。一般来说，这些经济工具可以作为重要的激励来减少总用水量和污水排放，改善经济和金融的有效性与效率。

　　第四，技术创新是改善中国农村水资源管理的一个有效措施。作为最大的发展中国家，中国对环境监测技术的需求仍然不足，尤其是在中国农村，技术能力和财务资源十分缺乏。这种现实意味着污染和资源消耗的水平超过经济增长。在这种情况下，与技术相关的研发活动（research and development，R&D）和技术转让在中国农村应该得到支持。研究机构和大学应当根据研究需要通过现场调查，确定适当的技术解决方案。与此同时，大力引进农村水环境管理的国外先进技术、设备和专业知识，如混合人工湿地技术、污泥循环技术、分散净化池塘技术、先进的环境修复和修补技术等，通过农村的培训、示范项目加以推广普及，提高工程技术能力。同时，提高水资源管理的关键是向决策者提供准确的定量信息。在实践中，为了提供中国农村水资源管理过去、现在和未来的信息，应当建立一个包括水资源管理的软硬件系统、人力资源管理（如环境执法官员及领域等）和可以为执法官员预测潜在非法排放污水的计算系统的信息平台。这个平台可以提供精确和有效的水管理设备。除此之外，还应当适时开发一个可以公开相关信息的公共网站。

　　第五，应该发起能力建设活动以提高整体的公众意识，提高自身的能力。包括加强不同利益相关者的交流，完善管理系统和人力资源开发培训，发展有效途径促进社区参与和交流，创造有利的政策环境。应定期进行宣传活动，利用电视、通信等形式，促进相互交流和理解。通过客观总结来自世界不同地区和不同机构的经验教训，为利益相关者创造机会，加强他们之间的相互理解和友谊。一般来说，能力建设应该直接反映农村地区整体环境的需求。因此，它应该是一个长期的过程，可以清晰地定期评估和阐述短期、中期和长期目标。良好的沟通能力和不同利益相关者之间广泛的相互作用对于任何成功的能力建设过程都至关重要。地方水资源管理机构应在这个过程中发挥领导作用，从不同的利益相关团体同样可以听到不同的声音。

二、研究展望——中国水资源制度创新目标的构建

　　本书对农村水环境管理做出了系统的经济学分析，涉及宏观、微观和制度等多方因素，认清了我国农村水环境污染的严峻形势及影响农村水环境污染的因素和内在机理，提出了相应的对策建议，得到了丰富的结论。在未来，农村水环境污染防治将仍是我国面临的难题，在农村水环境污染内在机理已经明晰的情况下，实时的农村水环境污染状况评价、农村水环境治理政策效果评价以及进一步的农村水环境治理对策研究将是未来农村水环境污染研究的方向，具有重大的现实意义。

　　应该看到，解决农村水环境问题绝不仅仅是就农村谈农村，就环境说环境，而是把农村的水环境问题放在中国整体水资源危机应对的大系统当中（伍新木，2009）。在新的历史起点，重新审视中国的水资源危机，构建水资源制度创新的目标模式具有非常重要的理论和现实意义。水资源制度创新的目标模式就是水资源管理的理想模式，它涵盖了与水资源有关的所有利益方及其在水资源使用、流转中的权利与义务，通过明确各方职责可使水资源得到最好的利用，缓解水资源危机。本书认为必须转变以工程措施为主、政府为主、单一措施为主、单一水域为主的传统的治水模式，构建以社会为主体、市场为基础和政府为主导的水资源制度创新目标模式（李雪松等，2012），如图9.1所示。

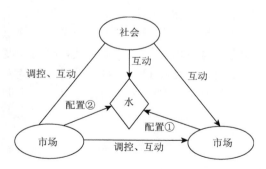

图9.1　我国水资源制度创新的目标模式

　　首先，这个模式让社会处于制度的顶端，而不是政府，因为社会的主体是人民、全体人民，人民发挥作用的主体形式是宪政、民主。所以它处于制度的顶端。其次，社会、政府和市场三者是循环的、互动的关系，政府并不是仅处于单向的、

主导的、控制性地位。最后，市场配置和政府配置作用是不同的，政府配置考虑宏观利益、长远利益、生态利益、水权的公平；市场配置讲求效益。具体而言，市场配置水资源起基础性作用，政府配置水资源更多地起总体控制的作用，同时也是市场配置失灵时的一种积极补充。市场配置与政府配置两者的有效结合才能使水资源得到更好的利用，获得最佳社会收益。

　　这个制度安排的构架之所以称为目标模式，是因为从中国国情出发，这需要长期不懈的努力，需要整个国家在经济、社会、政治、文化、生态建设方面的长足进步，需要水资源管理体制和中国政治、经济体制改革的继续深化才有可能实现。

　　在新的历史条件下，水资源的开发使用和管理要求重新审视国家和社会的关系，在涉水的各个层面与各个环节引入民主管理和广泛参与。强化社会主体地位，扩大公民有序的政治参与，增强决策的公众参与度，实现全方位的公众参与。促进水资源配置市场化的战略选择重点在于明晰水权，建立合理水价形成机制、全面开放水务市场，即通过水资源的产权化、资本化和产业化，完善水资源市场体系建设和秩序规范（伍新木，2008）。规范政府主导职能，重塑政府与市场的关系。政府要从直接调配水资源转向实施水权管理调控、配置水资源；从直接投资办水利转向大规模利用社会资本（包括民间资本和外资）办水利；从直接办污水处理厂转向制定标准和强化监管来保障水安全；从全方位提供水利产品转向专注于提供贫困人口吃水、生态用水、灌区节水改造和跨行政区污染控制等公共物品和服务；从直接行政管制转向宏观调控，做好水市场的裁判员、服务员和信息员。此外，社会、市场和政府三者之间的良好互动需要一定的法律保障。在法律的约束和保障之下，才能在有序的状态下进一步加强社会、市场以及政府三方的合作，形成合力更好地治理我国水资源危机（叶华，2010）。因此，水资源制度的建设需要构建完整的、可操作性强的水资源法律体系。

　　水资源问题具有复杂性，其影响又很广泛。只有把经济循环、社会循环和水循环三大循环当作一个有机整体，在相互作用过程中做出价值判断，实现社会、市场和政府的良性互动与合理作用，构建一套完整科学的制度，寻找对水权、水配制、水法、水市场、水价、水交易制度的科学安排，改变人们的涉水观念和行为，才能达到经济循环、社会循环和水循环的良性互动、协调和谐，最终保障中国的水生态系统安全。

参 考 文 献

李雪松，夏怡冰，张立. 2012. 中国水资源制度创新目标[J]. 水利经济，30（2）:1-5.

伍新木. 2008.水资源资本化、市场化、产业化[N]. 光明日报（理论版）.

伍新木. 2009. 水生态系统危机是最严重的水危机[J]. 中国水利，（19）：30-31.

叶华. 2010. 实行最严格的水资源管理制度的法律思考[C]. 湖北省水利年会 2010 年实行最严格水资源管理制度高
　　层论坛：76-79.

附录：梁子湖流域农村水污染治理研究报告

一、梁子湖概况

梁子湖位于湖北省的东南部，是长江中游南岸一个大型永久性淡水湖，在常年平均水位 18 米时，长 44.3 千米，最大宽度为 9.9 千米，面积为 225 平方千米，蓄水量超过 10 亿立方米，蓄水量超过湖北省的第一大湖洪湖。梁子湖地跨武汉市的江夏区和鄂州市的梁子湖区，是湖北省的第二大淡水湖，因盛产中国特有珍稀经济鱼类，即武昌鱼而闻名遐迩，近年又因盛产优质淡水螃蟹而蜚声海内外。梁子湖形态独特，湖上有岛（代表性的岛屿有梁子岛等），岛上有湖，大湖套小湖，母湖连子湖，并以湖汊众多（据统计有湖汊 316 个）而在全国湖泊中独具特色。

梁子湖以梁子岛为界分为东西两湖：东梁子湖属于鄂州市，包括涂镇湖、东湖、西湖、蔡家海、前海、后海等子湖，约占梁子湖面积的 40%；西梁子湖包括山坡湖、前江大湖、牛山湖、土地堂湖等子湖，属于武汉市江夏区，约占梁子湖面积的 60%。西湖和东湖之间有一道由钢柱和铁丝网组成的人为设置的分界线。梁子湖原为通江敞水湖，高水位时与保安湖、鸭儿湖连成一片。在中华人民共和国成立初期，梁子湖面积近 409 平方千米。在 20 世纪 50 年代初至 70 年代末，政府部门动员辖区广大农民先后在鄂州市境内修筑了小南湖堤、广家洲、鲁家湖、涂镇湖等堤围 76 处，堤线总长近 90 千米，使鸭儿湖、三山湖、保安湖与梁子湖完全分开，成为独立的水系；从 60 年代开始，在江夏区境内也相继修筑了山坡湖、仙人湖、牛山湖等湖泊堤围 24 处，围垦面积达到了 150 平方千米。到 2008 年，梁子湖水域面积比解放初期减少近一半。

梁子湖水系由梁子湖、鸭儿湖、三山湖、保安湖等较大湖泊组成，总承雨面积 3265 平方千米，其中梁子湖承雨面积 2085 平方千米。梁子湖众多的子湖共同组成梁子湖群。梁子湖入湖河港有 30 多条，主要入湖河港有高桥河（下游入湖段又称太和港，高桥河发源于大幕山北麓，流经咸宁市的咸安区的大幕、高桥、双溪桥、横沟桥等 6 个乡镇）、金牛港（黄石大冶市的金牛镇）、太和港、谢埠港（鄂州市梁子湖区）和山坡港（武汉市江夏区）等 7 个河港，这些河港顺着地势将咸安、江夏、大冶、鄂州市的地表径流汇入梁子湖。梁子湖的出水口仅长港河一处，河道全长 46.6 千米，由鄂州樊口大闸排入长江。

梁子湖流域跨武汉、鄂州、黄石和咸宁四市，共有国土面积 2511 平方千米，流域面积为 2085 平方千米，涉及四市的 17 个乡镇（街道）共 339 个行政村，约 71 万人口，其中城镇常住人口约 11 万，是相对贫困的农业区，种植业、水产业、畜牧业为农业支柱产业，工业和服务业相对落后，全流域现有工业企业 166 家，规模以上企业 36 家。2008 年，流域内农民人均收入为 4687 元，低于全省平均水平。梁子湖流域邻近武汉、黄石、鄂州、咸宁等城市，地理位置优越，资源丰富，交通便利，为湖区经济建设和资源的开发提供了有利条件。近些年来，梁子湖流域的工业、农业、渔业和旅游业等发展较快。经济的快速发展，不可避免地对梁子湖的生态环境带来了负面影响，其中以水污染最为严重。

二、梁子湖水污染状况

1986~2008 年，东、西梁子湖的水质主要以Ⅳ类为主，局部水域水质为Ⅱ类、Ⅲ类和劣Ⅴ类，主要超标污染物是磷和氮。如鄂州水域的梁子岛、长港等局部水域水质为Ⅳ~Ⅴ类，在高河港、太和港等入湖口等水域水质为劣Ⅴ类。梁子湖营养状态已从贫营养型进入中营养型，局部已接近富营养型，并且水质的季节性变化较大。特别是在多雨季节的夏季和鱼池退水期的秋冬季节，水质变差的现象十分明显。梁子湖水质的变化，也使梁子湖的浮游植物种类从贫营养型的硅藻、甲藻向富营养型的绿藻、蓝藻转变。2007 年 10 月，湖北省环境保护厅提供的数据显示，梁子湖水质的变化面积有扩大的趋势。另外，调查结果显示，梁子湖江夏水域总氮和总磷分别有 66%和 28.8%的监测点位超过功能区划标准；梁子湖鄂州水域总氮和总磷均有 32%的监测点位超过功能区划标准，水体呈中营养状态，水质向恶化方向发展。2008 年鄂州市水资源公报显示，梁子湖（包括牛山湖）水质总体上以Ⅳ类水质为主，占湖面的 64.17%，Ⅲ类（15.8%）和Ⅴ类（18.97%）水质次之，Ⅱ类（0.28%）和劣Ⅴ类（0.78%）水质偶有发生。这些数据表明，整个梁子湖的水质已不能满足水体规划的要求。

与此同时，梁子湖还面临另外两种生态灾难，即外来物种的入侵和生态系统局部碎化。在咸安区高河桥蓄水坝下，水葫芦已在高河港泛滥成灾（李兆华和孙大钟，2009）。为了防止水葫芦沿太和港入湖，梁子湖区 2009 年仅打捞入湖口的水葫芦就花费人力工资 15 万元。

此外，中华人民共和国成立至今，梁子湖水面减少了近一半，围湖造田、分隔湖汊、建设水利设施等活动，使各个子湖与大湖、大湖与长江之间的联系被切断，阻隔了水体之间以及水体与湖周陆地的物质与物种流通，资源的分隔导致湖泊生态的碎化和生态功能的减弱。

改革开放近 40 年来，梁子湖流域的群众的生活水平得到了极大的提高，生存与环境的矛盾已经转变成为沿湖经济发展与湖泊环境保护的正面冲突。特别是房地产和旅游开发正在向湖岸延伸，必然会造成湖泊沿岸景观的去自然化和人工化，挤占湖泊的生态空间。随着武汉城市圈经济的迅速发展，城乡一体化和新农村建设的步步深入，梁子湖流域内各乡镇的经济快速增长，使水环境面临的压力也越来越大。

三、梁子湖流域水污染来源分析

（一）农业面源污染

梁子湖流域的 17 个乡镇基本上是农业区，整个流域有水田面积 666.78 平方千米，旱地面积 97.16 平方千米，耕地面积占流域面积的 37%，另有 87.78 平方千米林地，46.08 平方千米的草地。为了提高农作物的产量，追求更高的经济效益，向农田（地）大量施用化肥和农药成为一条主要途径。据咸宁市农业部门统计，梁子湖主要水源地之一的高河桥流域所在的咸宁市咸安区，2006 年沿河流域 6 个乡镇全年施用的化肥就有 7000 多吨，仅大幕、高桥、双溪桥 3 个乡镇全年施用的农药就达 96 吨。而整个梁子湖流域农业每年施用的化肥在 40 万吨、农药 1500 吨、农膜130 吨以上，每年所产生的化肥、农药包装袋在 10 万条以上。近年随着国家对农田水利设施投入的加大和对农业补贴的增加，沿湖流域的一些乡镇在农业及一些农业项目上的投入、投资有所加大。例如，梁子湖区，就在着力构建"一镇一业，一村一品"的产业布局，并且和高产农田整理、低丘岗地改造等项目结合起来，实施有关的富民工程，实现产业对接，促进城乡的一体化发展等。特别是对低产田的改造，一些规模较大的种养殖基地在各乡镇遍地开花，这势必会加大农药、化肥等农用物资的使用量。而施用的农药、化肥，经过有关专业人士测算后认为，一般只有 30%左右被农作物吸收。剩余的大部分则随着雨水的冲刷会渗透到地下或流到沟壑、池塘、溪流和湖泊中；由于没有回收措施及回收机构，一些装农药用完后的瓶子、废弃后的农用薄膜和化肥包装袋，有的被随手扔在水沟、池塘旁和田间地头。这些废弃物和农药、化肥残留物在对土壤、水体质量构成重大威胁的同时，也直接或间接对人畜等饮水安全及生命健康安全造成一定的威胁。

由此可见，农业面源污染涉及面广量大，治理的难度较大。有关专家根据流域内不同土地类型的单位面积污染物流失率测算，计算出梁子湖流域每年入湖的化学需氧量、总氮、总磷，数据表明梁子湖水体营养状态已从贫营养型进入中营养型，局部已接近富营养型。随着流域内工农业、旅游业快速发展和城镇化进程加快，梁子湖流域面临点源污染与面源污染共存、生活污染和生产污染叠加、水质污染与生态退化交织的威胁。梁子湖水源地的高河沿岸，曾经也是垃圾成堆，后经过咸宁环境保护部门的整治，情况有所好转。即使这样，生活垃圾等污染物入湖量至少是化学需氧量 9.4 吨/年、总氮 2.2 吨/年、总磷 0.12 吨/年。

（二）工业企业（乡镇企业）污染

鄂州市的梁子湖区和咸宁市的咸安区，作为典型的农业区，经济发展水平较为滞后。发展经济，改变落后的面貌，对当地政府来说，既是现实的压力，也是政绩考核的一项重要指标。利用当地丰富的自然资源和社会资源发展经济，成为两区政府部门的不二选择。

（1）梁子湖区的沼山镇与太和镇拥有丰富的膨润土、珍珠岩、沸石等非金属矿产资源，尤以膨润土含量最为丰富，且具有矿点多、埋藏浅、易于开采和运输等优点。据矿产部门勘察统计的数据显示，两镇蕴藏的沸石储量在 2 亿吨，膨润土 1.3 亿吨，珍珠岩 1.2 亿吨，黏土和富碱玻璃矿各 8000 万吨以上。目前太和镇有 20 余家非金属矿产开采加工企业，从业人员达 2500 名，年创产值 3000 万元，创利税过 300 万元，非金属产业已成为太和镇的支柱产业。随着企业的快速发展，企业的污水和粉尘的排放量也越来越大，特别是含酸废水的排放量最多，危害也最大，每年通过谢埠河、太和港排放到梁子湖的酸性极强（废水 pH 为 2）的废水达到 100 多万吨。废酸水所到之处，鱼虾绝迹，植物死亡。

（2）位于梁子湖上游东南面的咸安区是梁子湖的水源地之一，来水量占梁子湖的 30%以上。咸安区拥有丰富的苎麻资源，是全国有名的苎麻之乡。苎麻加工也是咸安区的支柱产业之一。苎麻加工必须脱胶，脱胶产生的废水很难处理，一般企业根本没有能力承受废水处理所产生的高额费用，脱胶污水都是通过高河港直排入梁子湖。咸安区共有大小苎麻脱胶企业 12 家，沿高桥河两岸分布，其中以位于咸安区双溪镇的湖北精华纺织集团公司规模最大，该公司以苎麻、亚麻、棉花为主要原料，多种纤维混合发展，是一个集脱胶、开松、纺纱、织布、染整一条龙的重点麻纺织企业。精华纺织集团公司作为咸安区的重点企业，是当地的纳税大户，同时也是污染大户。自 2002 年该公司建设脱胶废水中心以来，一直无法按高桥河水功能区划要求进行达标排放，只对脱胶废水进行处理，而对洗麻、捶麻废水未进行任何处理就直接排放到高桥河中。在省环境保护等部门的压力和咸宁市政府的帮助下，该企业不得不先后投资 2600 万元建成了日处理能力为 2500 吨的污水处理中心，但由于污水处理费用高昂等原因（每吨产品成本增加 800 元），企业偷排污水、污水处理设施时停时开等现象严重。

（3）同样位于梁子湖水源地上游的黄石大冶市金牛镇有金牛港同梁子湖相通。金牛镇境内矿产资源丰富，采矿冶矿发达，小采矿厂遍地开花，同时还有为数众多的酿酒厂等。采矿选矿和酿酒所产生的废水，不经过任何的处理，都排入了金牛港。截止到 2008 年，大冶市环境保护部门共关停了 300 多家小采矿、小冶矿等"五小"企业，但一些规模较大、污染严重的企业的排污行为仍然得不到有效的控制，如劲牌公司小曲酒二厂、三厂所排放的酿酒废水，无法达到《发酵酒精和白酒工业水污染物排放标准》（GB 27631—2011）中的排放要求。劲牌公司作为一家规模较大的知名企业，对大冶市的税收、人员就业贡献较大，当地政府无论如何也是不能让它关停的。经计算，梁子湖流域范围内的工业企业污染源排放的工业废水折合成化学需氧量是 2473.6 吨/年，总氮是 28.39 吨/年，总磷是 3.23 吨/年。工业废水对梁子湖的水质的污染是不容忽视的，同时对环境造成的污染也是不可逆转的。

（三）水产养殖污染

水产养殖一直是梁子湖水污染的一个重要因素，从当初的围湖筑坝的人放天养到现在的大湖围网、网箱养殖和鱼塘精养，养殖规模的不断扩大和养殖方式的改变，使养殖的效益不断攀升。为追求更高的经济效益，养殖户不断扩大养殖品种比例，不断向养殖水体投放饲料和化肥及防治鱼病的农药，致使水体不断富营养化。梁子湖围网养殖的面积最大时占到了梁子湖湖面的 25%左右，大大超出湖体所要求的 10%的承载量。沿湖政府自 2006 年开始在湖中拆围，但事关广大渔民的生存出路问题，拆围工作进展不尽如人意。沿湖一些乡镇把养殖作为一项主要产业来发展，例如，梁子湖区明确提出了发展"水产大区"的战略，并逐步形成了三大规模养殖带（珍珠、武昌鱼与红尾鱼、河蟹），"吨鱼万元"精养比例不断提升，在积极打造"武昌鱼"这一品牌，推动武昌鱼企业上市之后，又在积极推动梁子湖大河蟹这一品种的营销策略。这一切又依赖于养殖业的规模化经营，规模化经营的直接后果是投入大、产出快、养殖水体的富营养化现象越来越严重。据梁子湖水产统计资料显示，水产养殖因污染而带入湖体的化学需氧量、总氮和总磷达到了 585.63 吨/年、369.72 吨/年和 31.46 吨/年。

（四）规模化畜禽养殖污染

在梁子湖流域，由于规模化畜禽养殖污染快速上升，出现了集约化畜禽养殖总磷排放量仅次于农业面源污染的局面。有关资料显示，2006 年，梁子湖流域养猪 100 头以上的户（场）有 79 个，存栏 11.58 万头；养禽 1 万只以上的户（场）有 174 个，存栏 60 万只；养牛 10 头以上的户（场）有 10 个，饲养量达 203 头；养羊 50 只以上的户（场）有 8 个，饲养量达 877 只。仅咸宁市咸安区高桥河流域的大幕、高桥、双溪桥三个乡镇 1000 头以上规模的养猪场就有 6 个，总饲养量达到 1.2 万头，耕牛在 3600 头以上。武汉市江夏区梁子湖周边现有万头以上养猪场 8 个，设计年出栏生猪在 12.3 万头以上。

在梁子湖区，畜牧业发展全市领先，一些乡镇规模化养殖盛行。如该区的沼山镇，目前建有蛋鸡养殖场 61 处，2007 年全镇养鸡总量达到 70 万只，牧业产值达到 9000 万元，占全镇农业总产值的 33%，人均牧业收入就达到了 1056 元。2009年，梁子湖区家禽出笼 239 万只，生猪出栏近 30 万头，万只以上的规模养殖户超过百户。这些规模化养殖场基本上没有相应的环境保护设施，无法对养殖产生的粪便进行无害化处理或进行深加工综合利用。大量粪便被随意堆放在露天日晒雨淋，随之会产生大量的含氨、硫化物等有害气体，对人体健康产生威胁；一些则直接被施用于农田和养鱼池中，成为肥料。畜禽粪便中有害病菌和寄生虫会对土壤和水体、农作物、水产品等造成污染与危害。一些临湖或临沟渠而建的养殖场有的则干脆把畜禽排泄物冲向湖或沟渠中，造成水体的污染和富营养化。

据统计，在 2006 年，梁子湖流域畜禽养殖的排泄物污染物入湖量化学需氧量为 300.03 吨，总氮 129.61 吨，总磷 40.8 吨。近年来，随着规模化养殖的扩大，入湖的畜禽养殖污染物总量也在不断上升，梁子湖的水质也在逐渐发生变化。

2007 年梁子湖流域主要污染物排放总量化学需氧量 2.52 万吨，总氮 0.82 万吨，总磷 0.11 万吨。在所排放的污染物中，进入梁子湖水体的化学需氧量共有 0.99万吨，总氮 0.2 万吨，总磷 196 吨。在入湖总磷中，来自农业面源的占 42%，水产养殖占 17%；在入湖总氮中，来自农业面源的占 53%，水产养殖占 20%；在入湖化学需氧量中，来自农业面源的占 33%，工业点源的占 27%，城镇生活污染的占 21%。综合来看，农业面源污染、畜禽养殖和水产养殖污染以及工业和居民生活污水是梁子湖最主要的污染来源。而工业污染对生态的破坏是最大的，也是不可逆转的，一旦污染超过梁子湖的生态承受极限，在短时间内是难以恢复的。

梁子湖水环境的保护，直接关系到沿湖居民和武汉市的饮水安全及生态安全，也事关梁子湖流域的可持续发展和两型社会的建设，因此需要流域各方力量的共同协作，严格控制污染的产生，逐步减少污染总量的产生，减少入湖污染物，从源头上控制污染的产生，治理梁子湖水污染，还梁子湖一湖清水。

四、梁子湖流域农村水污染治理举措

梁子湖流域生态环境的保护也受到了各级人民政府的高度重视，2006～2009年，湖北省政府安排专项资金用于拆除湖中的围栏、围网，在湖区进行水草种植和沿岸水生景观的修复等，但治理的效果并不明显。寻找更好的对策，采取更加有效的措施，彻底扭转水质恶化导致生态功能的退化的状况，真正贯彻"保护第一，合理利用"的方针，还梁子湖一湖清水，让梁子湖能够休养生息，确保梁子湖作为武汉市备用水源的战略地位，成为全国乃至世界湖泊生态环境保护的典范，是湖北省政府及流域内四市政府要着手解决的问题。迄今为止，各级政府治理的主要举措包括以下几方面。

（一）以生态文明创建为统领，统筹推进环境保护

为做好顶层设计，鄂州市委托湖北大学编制了《梁子湖区生态建设规划》，为近、中、长期制订了详细的生态环境工程建设计划，太和、沼山、东沟、涂家垴四镇的环境规划则由武汉理工大学全部完成编制，并经专家组评审通过。梁子湖区所有建制镇全部完成了环境规划工作，是鄂州市第一家全部完成所有建制镇环境规划的县区。截至目前，成功创建 1 个国家级生态镇（梁子镇），1 个市级生态镇（涂家垴镇），10 个省级生态村和 6 个市级生态村，已完成 10 个国家级生态村、3 个市级生态镇和 68 个市级生态村的资料编制与报送工作。

（二）以环境整治项目为依托，不断改善人居环境

从 2010 年以来，争取农村环境连片综合整治资金 4000 余万元，整治沿湖村庄 49 个；争取梁子湖生态环境保护试点项目 7 个，获中央支持资金 4335 万元。三年来，整合项目投入近 2 亿元，重点实施三大工程。

一是污水处理工程。已建成集镇污水处理厂 2 座（梁子岛、太和）。其中太和污水处理厂于 2012 年 10 月份开始建设，日处理 1.5 万吨，占地 40 亩，总投资 3750 万元，分两期建设，一期建设规模为 6000 吨/日，配套污水管网 21 千米，全部实现雨污分流。项目与北京桑德公司 BOT 模式合作，确保建得好、用得起、有保障。农村污水无动力处理设施已建成 50 座，主要有三种模式：生化法+人工湿地的 7 座，厌氧+接触氧化+人工湿地工艺的 9 座，稳定塘处理污水的 34 座。

二是垃圾外运工程。采取"政府主导、群众参与、分级负责、市场运作、规范运行"方式，建立"户分类集中、村统一收集、镇清运压缩、区转运处理"的四级垃圾处理运行体系。已建成 6 个垃圾压缩中转站，1006 个农村垃圾房；新置了 28 台一级转运车，7 台洒水车。同时，推行市场化运作，各镇及梧桐湖新区共成立了 5 家保洁公司，配备了 1200 名保洁员，基本实现垃圾日产日清。

三是清洁能源工程。扶持使用太阳能及沼气池，大力推广猪—沼—鱼、猪—沼—菜、鸡—沼—果等循环农业种养殖模式，减少污染排放，提供清洁能源。全区累计已建成户用沼气池 4400 口，小型沼气池 5 口，大型沼气池 1 口，受益农户达到 5000 余户，每年可将 100 万立方米农村生产生活废弃物转换成优质高效有机肥。下步拟与以色列 FEDI 公司合作，建设沿湖 44 千米太阳能景观廊道，预计总发电量可达 1.2 亿千瓦时，可满足全区目前用电需求。

（三）以先进适用技术为支撑，着力防治面源污染

作为农业大区，始终坚持把防治面源污染作为环境保护工作的重中之重。综合施治，促进污染物资源化、无害化和减量化。一是结合土地流转，调整种植品种防污染。大力推进"三改"（改耕还林，改需肥多为需肥少，改易发病为抗虫害），如将原来棉花、芝麻等易发虫害作物改为红薯、蓝莓、芦笋、花卉苗木等品种，改变化肥农药随意使用状况，集中控制使用量。目前通过改种，新建红薯、蓝莓、金银花基地 2000 余亩。二是实施测土配方施肥。目前全区达到 20 万亩，年减少不合理施肥 430 吨。三是推广有机质提升技术。在东沟、沼山、太和三镇利用腐熟剂处理农作物秸秆面积 6 万亩，秸秆还田比例达到 80%，年减少化肥使用 240 吨。涂镇万亩花生基地利用秸秆粉碎技术，将花生禾就地粉碎作为冬季牛羊饲料。四是推广绿色防控技术。减少化学农药使用量，已组建 26 个农作物病虫害统防统治机防队，安装太阳能杀虫灯 1100 盏（可使 2.2 万亩作物免施化学农药）。五是加强畜禽养殖污染防治。目前已对全区 25 家规模畜禽养殖场进行了摸底排查，由环境保护与农林等部门联合，服务与执法并举，全面进行整治。目前主要采用粪尿分离技术，尿液经过厌氧处理用于浇花种菜，粪渣通过堆肥发酵制取有机肥，实现循环利用。六是发展有机肥项目。在沼山镇畜禽养殖集中区域，引进建成绿丰源生物有机肥厂，每年可利用畜禽粪便及秸秆等农业废弃物 3000 吨，生产有机肥 1 万吨。

（四）以产业转型升级为动力，全面实现控污减排

坚持有所为有所不为，按照"生态文明示范"的标准，谋划产业发展。

一是坚决退出一般性工业。500 平方千米范围内杜绝新上一般性工业，以编制生态补偿报告为契机，系统谋划退出一般性工业的时间表和路线图。划定"三条红线"，关停 4 家采石场、4 家实心黏土砖厂。

二是大力发展生态农业。筹备编制了《梁子湖区生态环境保护规划（2010—2014 年）》，按照"三有三化三控"标准（即有主体、有品牌、有科技支撑；规模化、信息化、智能化；控肥、控药、控水），重点发展 20 个有机农业基地。制定了水稻、蔬菜、葡萄、蓝莓、茶叶、红薯、芦笋、金水柑、金银花等 9 个产品的有机生产操作规程，新增流转面积 6000 余亩。该区生态农业投入品标准、生产过程控制标准、产品质量检验检疫标准由市农村工作委员会委托省农业科学院制定。

三是促进旅游业提档升级。成立了梁子湖旅游投资公司，注册资本 1000 万元，系统整合开发全区旅游资源。强化旅游服务，第 14 届捕鱼旅游节实现了全市场化

运作。实施限制上岛人数、全天候湖面清漂打捞、外运岛上垃圾、增修岛上污水管网等措施，治理旅游污染。

（五）以提升文明素质为目标，打造人水和谐示范

（1）加强正面宣传引导。在全区开展"生态文明大讨论"活动，开设"梁子湖生态文明建设"专栏，通过广播、报刊、电视、网络等媒体大力宣传生态文明建设的新观念、新知识、新举措、新成效。开展"绿色家庭""绿色校园""绿色机关""绿色村庄"创建活动，从学校、机关、景区开始，开展垃圾分类，逐步铺开，着力提升全社会生态文明意识。

（2）加强反面执法惩戒。开展全区建设项目"环评""三同时""违章建筑"专项清查活动，实施最严格的执法标准，建立和完善环境执法相关制度，推行环境监察网格化与精细管理，落实重点排污企业"一企一人"责任制，完善村级环境监管联络员（协管员）、环境保护有奖举报、环境执法信息公开等制度，保障公众的知情权、参与权和监督权；执行环境保护约谈，挂牌督办，流域、区域、行业限批和责任追究等制度。组织开展环境信访积案清查化解活动，解决群众反映突出的环境保护热点难点问题，确保全区环境安全。

五、梁子湖流域农村水污染治理存在的问题

由于污染涉及面广，防治难度大，技术支撑不足，农村基本经营制度缺陷，保障基础薄弱等因素制约，梁子湖流域农业面源污染和水污染治理的任务仍十分艰巨，仍存在很多不容忽视的问题。

（一）缺资金支撑

鄂州农村生活垃圾和污水处理显然在全省领先，但存在资金方面困难、资金缺乏导致欠账多、基础设施薄弱等问题，一时难以根本解决。例如，梁子湖区入湖中小河流21条，年久失修，淤塞严重，影响行洪；沿湖210座排涝抗旱泵站运行时间长、档次低、故障多，部分已无法使用，不能保障排涝抗旱需要。

（二）缺技术支撑

因为存在技术方面困难，农村生活垃圾和污水处理很多都是沿溪流随意倾倒排放，所以造成土壤和水体的严重污染。农业面源污染治理的技术支撑能力还需

进一步增强，特别是污水处理、秸秆气化、病虫抗药性监测和科学施肥用药等关键技术有待进一步完善提高和创新突破。

（三）缺意识支撑

受习惯生产方式和追求短期经济利益驱使，农民习惯于大量依赖农药化肥追求省力、增产，农业面源污染控防体系难以形成。过量施用化肥造成农田氮、磷外溢，加速水体富营养化。过量施用农药不仅造成环境污染，还使水稻螟虫、稻飞虱等主要害虫产生严重抗药性，从而陷入农药用量剧增，农业面源污染加重，农副产品安全威胁加剧的恶性循环。

（四）缺有效监管

监管不力导致水污染严重，主要表现在以下几个方面：一是湖泊面积缩减过快，纳污能力进一步减小。20世纪70年代，鄂城区三山湖水面46.7平方千米，花马湖水面62.4平方千米，后因大规模围湖造田、非法围圩、填湖造房、工业废弃物和生活垃圾沿湖港堆积以及水土流失造成的淤泥使湖泊水位下降，面积大幅缩小，现该区大小湖泊总面积仅67.38平方千米，湖泊的纳污能力也进一步减小。二是湖港淤塞问题突出。因为水土流失，工业废水、选矿尾砂向河道排放，所以湖港的纳污能力又进一步缩小，造成部分河道淤塞、水质污染，遇雨天泛滥成灾，对群众生产生活造成不利影响。三是部分水质严重恶化。鄂城区五大水库不同程度存在网箱和投肥养殖的情况，水质有富营养化的趋势。三山湖除总氮略有超标外，其他各项监测指标均达到III类标准，水质亦趋富营养化。

六、加强梁子湖流域农村水污染治理的对策建议

农村面源污染及水污染治理，要坚决把生态文明建设作为加快转变经济发展方式，实现绿色发展的必然要求，立足基本省情和生态特征，以解决生态环境领域突出问题为向导，把保护江河湖泊水系，治理农业面源污染提上重要的议事日程，科学布局，统筹谋划，抓出实效。

（一）科学规划，把农村面源污染及水污染治理列入湖北省"十三五"规划的重要内容

支持鄂州市华容区、鄂城区"沿江滨湖绿色生态经济带"、梁子湖区"生态文

明示范区"升级为国家级立项和试点工作，争取获得国家级政策扶持力度，推进全省生态文明发展规划的实施。

（二）完善绩效考评指标体系，统筹推进农村面源污染及水污染治理工作

全面贯彻落实国家环境保护督察、生态环境监测网络建设等方案，大力推行领导干部自然资源资产离任审计和生态环境损害责任追究制度。健全政绩考核制度，强化生态环境保护指标约束，实行差别化的考核制度。对农产品主产区和重点生态功能区，分别实行生态农业优先与生态保护优先的绩效评价。对禁止开发的重点生态功能区，全面评价自然文化资源原真性和完整性保护指标。

（三）加大政策资金支持力度，调整相关农村补贴政策

设立财政农村治污专项资金，完善污水处理费征收使用制度，推行用地、用电、税收等优惠政策。将垃圾处理及污水处理运行管理成本列入生态文明建设体系内的国家级财政转移支付计划。落实污染治理贷款贴息补助、购买使用有机肥产品、有机产品认证等补助政策，引导各类主体积极投身农村生态文明建设。

（四）调整农业产业结构，优化产业布局

大力推进农村土地流转，实施土地集约化经营、标准化生产，按照"三有三化三控"标准，大力发展"两头在内（立体种植和加工业）、中间在外（传统种植和养殖业）"的生态农业布局，科学调整全省各地农业、养殖业与其他产业的空间关系，全面落实工业企业的环境保护"三同"政策。推广测土配方施肥，通过增施有机肥、生物肥、缓释控肥来减少化肥用量；推广使用生物防虫技术，创新病虫防控方式，从源头上减少面源污染。

（五）加大力度推进治污、防污工作

一是截污纳管工程。要进一步完善老城区、老集镇排污管网体系，提高污水接管率和处理率；要强化截污工作，对于新建小区、新建项目要建设雨污分流系统；加快推进各地城镇生活污水集中处理工程步伐，全面提升全省城乡污水集中处理率。农村生活垃圾处理，建议采用"分类减量、上门收集、村民自治、政府补助、公司运营"的方式，巩固和完善鄂州市已经取得的经验，加大全省农村生

活垃圾处理力度，建立起稳定的农村生活垃圾收集体系（王浩，2010）。

二是生态补偿工程。要完善流域生态补偿机制、建立联防联控机制和跨界水污染赔偿机制。建议由流域内下游及直接受益的相关地方政府，通过省内、市际间的横向转移支付方式，建立区域生态补偿专项基金，用于补偿上游政府的区域水资源使用权、生态林业用地使用权、限制传统工业发展权益等方面的损失以及生态工程管护、自然保护区管护等费用（席北斗等，2008）。

三是农村沟河环境改善工程。改善农村沟河环境，以"水体活、水面清、水系畅"为标准，着力推进村庄河道疏浚整治。筹集专项经费，每年集中一段时间，分期分批对全省各地沟河、渠道进行集中疏浚，并建立统一的规范和标准，力求所有疏浚工程做到水体深度、水质净度、堤岸高度和坡度达到规定标准，确保疏浚工程质量。完善建后管理，实施发包养殖和沟河保洁相结合，落实水面管护制度，建立沟河长效管理机制，彻底改变沟河无主体管护人、恶性水生植物滋生现象。

参 考 文 献

李兆华，孙大钟. 2009. 梁子湖生态环境保护研究[M]. 北京：科学出版社.
王浩. 2010. 湖泊流域水环境污染治理的创新思路与关键对策研究[M]. 北京：科学出版社.
席北斗，魏自民，夏训峰. 2008. 农村生态环境保护与综合治理[M]. 北京：新时代出版社.